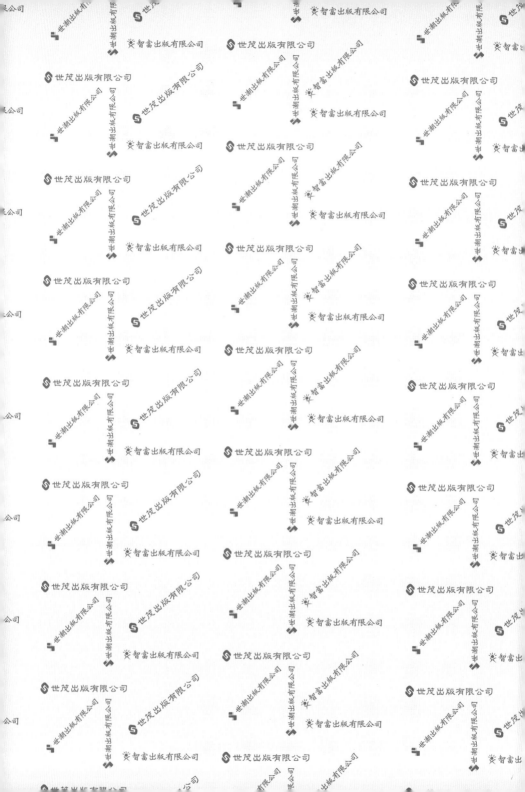

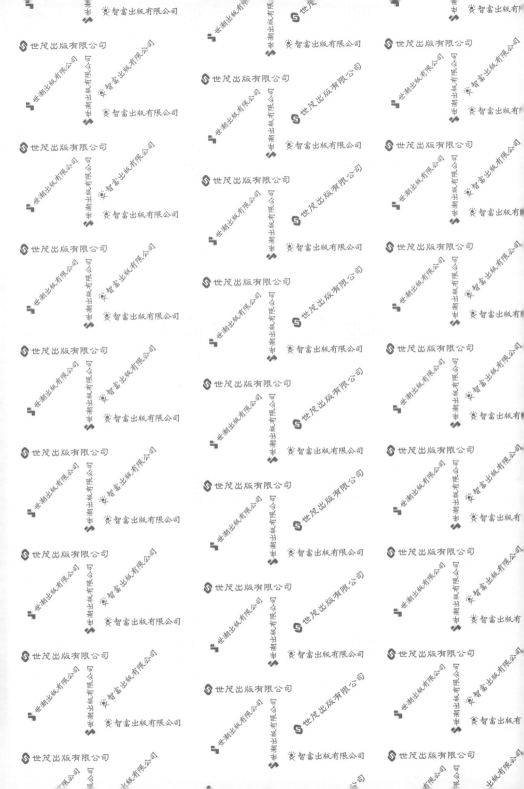

最新 圖 解

〈入門ビジュアル・テクノロジー〉

馬達
入門
よくわかる
モータ

全球馬達市占第一　日本SERVO株式會社◎著

大同大學機械工程學系教授 葉隆吉◎審訂

游振桁◎譯

序

　　在我們生活中，身邊有許許多多的機械裝置，這些機械裝置幾乎都要靠馬達在內部運作才得以順利連轉。事實上，時時環繞著人類生活的電氣製品，馬達擔負著極其重要的任務。幾乎可以斷言，一旦少了馬達，人類將無法過著高科技的便利生活。

　　由於馬達隱藏在各種機械裝置中，因此，我們很難感覺到馬達的存在，甚至連馬達的真實樣貌都不一定清楚。就因為馬達在機械裝置中的地位猶如人體的心臟一般，所以極少有裸露在機械裝置外的配備方式。因此，即使有人知道馬達的功能或運轉的基本原理，我相信對於馬達的構造或詳細的運作結構相當了解的人肯定非常之少。

　　馬達使人類得以享受先進便利的生活，目前依功能、用途不同，專家已經開發出各式各樣馬達。其中有追求高效率或為求穩定運轉的，以及能在有限空間裡發揮極大效能的超極小型化馬達，甚至還有將原始構造或原理加以改變而能多方面應用的馬達，當然現在專家們早已將馬達的研究朝向生活實用化的方向發展。

　　我們相信，在人類不斷朝最尖端的科技進步的同時，馬達也將會有更進一步的發展。

　　為了讓更多人了解這個重要的機械構造，著作此書時，我們以一般讀者為閱讀對象，並儘量以簡單易懂的説明方式，介紹馬達的由來、馬達的種類與基本的構造、運作原理以及未來的發展趨勢等。期望有心開始學習馬達的讀者，能透過本書在短時間內快速認識馬達的完整面貌。若是真能使得更多人對馬達產生興趣，那真是再好也不過了。

日本 Servo 株式會社

目 錄

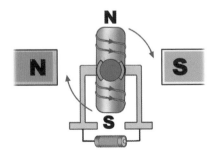

第1章　馬達驅動的基本原理

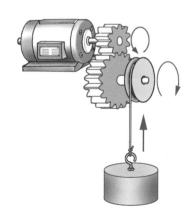

3 第章 直流馬達的種類和特性

第4章 交流馬達的種類和特性

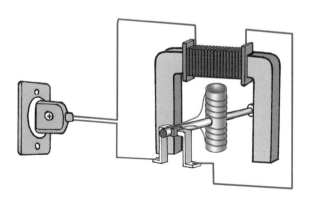

第5章 其他特殊馬達的種類和特性

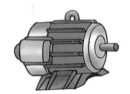

生活中常見的馬達和馬達產業的未來

第1章

馬達驅動的基本原理

生活中到處都會用到馬達，但很多人都不知道馬達為何會運轉。本章將簡要介紹馬達驅動的基本原理。

1 日常生活中不可或缺的馬達

在我們的日常生活中，馬達是不可欠缺的東西。或許您平時並未注意到它的存在，其實只要仔細觀察家中的各個角落，就不難發現所有電氣製品都有使用馬達。

所有你想得到的，從個人電腦或印表機、數位相機、手機、家用電玩遊戲機、DVD（數位多媒體磁碟）錄放影機，到冰箱、洗衣機、吸塵器、微波爐、冷氣機等，都需要靠馬達運轉，可説很難找出沒有使用馬達的家電製品，甚至小到如手錶、吹風機、電動刮鬍刀、電動牙刷等也都有馬達。

◎馬達「看不見的強大力量」

在家庭以外的地方，許多的機械設備也使用各種馬達，大家所熟悉的汽車，是使用多種馬達的最佳實例。

汽車的雨刷或電動車窗、自動門鎖等，以及車用音響或車用空調、車用衛星導航等的汽車用電子機器中，馬達更是不可或缺的。大眾交通工具的電車或捷運、飛機等，也都需要使用馬達。

除此之外，遊樂場的雲霄飛車，滑雪場的纜車或吊車，大樓的自動門或電扶梯，販賣香煙或飲料零食的自動販賣機，銀行的ATM（自動提款機）等機械中，也都隱藏著馬達。

使用馬達的物品或設備可以説是不勝枚舉，幾乎所有馬達都是隱藏在我們看不到的地方運作，真的可以説是「看不見的強大力量」。目前，專家配合各種用途需求，已經開發出各式各樣的馬達。藉由馬達的運轉，帶給人們無限便利舒適的生活。

用語解說 車用衛星導航（Car Navigation）：裝置於車上的配備，可以用於指示駕駛人汽車的所在位置或引導駕駛人到達目的地。

生活中不可或缺的馬達

個人電腦

數位錄放影機

冷氣機

筆記型個人電腦

手機

傳真機

電動牙刷

汽車

馬達是使生活便利的「看不見的強大力量」。

電車

●人類的生活中充滿了使用馬達的產品。
●為了因應各種用途，專家早已經開發出各式各樣的馬達。

2 馬達利用磁力產生機械能

　　馬達既然是我們生活中不可缺少的關鍵機械裝置，那麼馬達到底是什麼樣的裝置呢？

　　理論上所定義的馬達為「**可將電能轉換為機械能**（旋轉運動等力學能）**的裝置**」。但是，此處請不要往太難的方向想，只要以「**電線通過電流**（電子等帶電粒子的流動）**而產生使物體運動的能量裝置**」這個觀點來看即可。

　　如果還是無法意會，那麼只要想像，在馬達旋轉軸的前端裝置螺旋槳的電風扇或換氣扇，應該就很容易理解。

◎利用磁鐵掌握馬達的驅動原理

　　馬達是利用「**磁力**（磁鐵的引力，稱為磁力）」**產生機械能**。

　　還記得小學自然科課程的磁鐵實驗嗎？

　　將2支磁鐵的N極和S極（稱為磁極）互相靠近時會相吸，但同極接近時會相斥。另外，把鐵砂撒在紙上，紙的下方放磁鐵或U字馬蹄形磁鐵，使鐵砂排列起來。如此，磁極間相吸、相斥的力量即為磁力。

　　請再回想另一個實驗，在長方形磁鐵棒的正中間綁一條繩子，將磁鐵棒水平吊在半空中，再拿另一支磁鐵棒靠近綁著的磁鐵棒，兩者磁極相反時，水平吊在半空中的磁鐵棒會開始旋轉。馬達就是利用這種磁力所產生的作用。

　　磁力影響的範圍稱為「**磁界**」或「**磁場**」，通常是用假想的**磁力線**「**磁束**」來表示磁場。此外，可產生磁力的作用稱為「**激磁**」或「**磁化**」。

用語解說　**裝置**（Device）：原本只有稱呼電腦上的裝置或和電腦連接的周邊機器。現在則用以稱呼各式各樣的裝置。

利用磁力旋轉的馬達

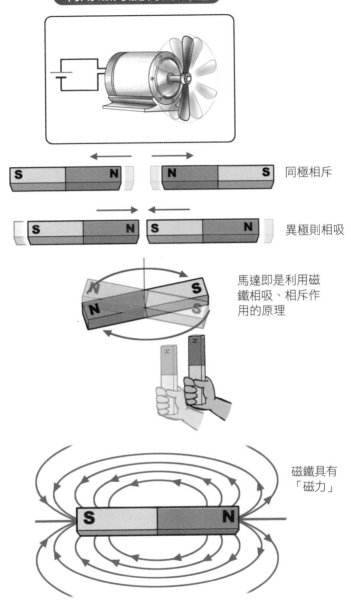

同極相斥

異極則相吸

馬達即是利用磁
鐵相吸、相斥作
用的原理

磁鐵具有
「磁力」

●馬達是一種將電能轉換為機械能的裝置。
●馬達利用磁力來產生機械能。

3 產生磁力的永久磁鐵和電磁鐵

　　馬達依磁力而運轉，在馬達中產生磁力的磁鐵有「永久磁鐵」和「電磁鐵」兩種。

　　永久磁鐵　一般會自己產生磁力，而且可以保持該磁力，稱為「磁性體（保持磁力的物質）」。在物理實驗中所用的磁鐵棒或 U 字型磁鐵，就是永久磁鐵。永久磁鐵大致可分類為①以鋁（Aluminum）、鎳（Nickel）、鈷（Cobalt）為主原料，溫度變化適應性強的「**鋁鎳鈷磁鐵**」；②以氧化鐵為主原料、高保磁力的「**氧化鐵（Ferrite）磁鐵**」；③高磁力和高保磁力的「**稀土類磁鐵**」。

◎電磁鐵的性質，為馬達發展的基礎

　　另一方面，電磁鐵是使馬達可實現機械運動的重要裝置。在「線圈」（鐵心等強磁性體周圍繞上螺旋狀電線的東西）通電，使其磁化、產生磁場的裝置，即為電磁鐵。**截止電磁鐵的電流，磁力就會變成零**。利用這個性質，馬達即可以產生運轉、停止等動作。

　　另外，電磁鐵具有依據線圈數等，調節磁力強度的性質。改變線圈數即可簡單的製造各種不同輸出的馬達。現在所生產的各種馬達，即是充分利用這種電磁鐵的性質。

　　最先注意到電流和磁場間密切關係的是丹麥物理學家厄斯特（Oersted，1777～1851 年）。在 1820 年的某日，厄斯特偶然發現通電流到金屬絲，金屬絲附近的磁針會動的現象。因為這個偶然的契機，厄斯特證明了電和磁之間存在的密切關係。

　　厄斯特的發現，確立了電磁學快速發展的基礎，因此磁場強度便以「厄斯特」為單位。

用語解說　**電磁學：**屬於物理學的領域，是以電、磁現象為研究主題，和力學一起，同時期居於古典物理的中心位置。

磁鐵的種類和性質

【永久磁鐵】

鋁鎳鈷磁鐵

氧化鐵磁鐵

稀土類磁鐵

材料：鋁鎳等
特徵：溫度變化
　　　適應性強

材料：氧化鐵等
特徵：高保磁力

材料：釤（Samarium），
　　　釹（Neodymium）
特徵：高磁力，高保磁力

【電磁鐵】

當線圈通電，電磁鐵會產生磁性，進而產生磁場。

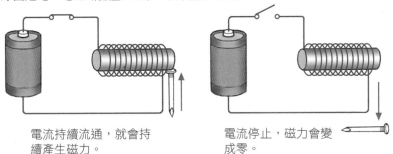

電流持續流通，就會持續產生磁力。

電流停止，磁力會變成零。

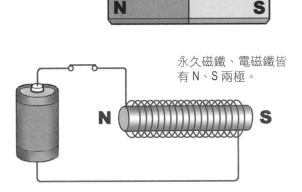

永久磁鐵、電磁鐵皆有 N、S 兩極。

CHECK POINT

●磁鐵分為「永久磁鐵」和「電磁鐵」兩種。
●電磁鐵是使馬達可實現機械運動的重要裝置。

4 三種永久磁鐵的特性

這個章節要介紹的是，馬達最常使用的永久磁鐵。

鋁鎳鈷磁鐵為鐵中加入鋁鎳鈷所製成的磁鐵，也稱為鑄造磁鐵，由於含有鋁、鎳、鈷三種元素，因此記為「AlNiCo」，此即鋁鎳鈷磁鐵名稱的由來。

鋁鎳鈷磁鐵具有高機械強度，能在高溫下使用，因此經常用在精密機器元件中，但是卻有保磁力較弱、容易減磁（磁力減少）等缺點。

◎氧化鐵磁鐵的發明

氧化鐵磁鐵為粉末冶金法（金屬粉末壓縮成形後，高溫燒結成所要的形狀）作成的氧化物磁鐵。氧化鐵本來即為鐵的氧化物，在 1930 年由日本東京工業大學加藤与五郎博士和武井武博士所發明。因為是以便宜的氧化鐵為主要原料，適合大量生產。此外和鋁鎳鈷磁鐵不同的地方是，它具有高保磁力，不容易減磁，因此，廣泛的被使用在音響或電裝馬達上，但缺點為機械強度較低。

稀土類磁鐵以稀土金屬元素的釤（Samarium）和釹（Neodymium）為主要原料，大致區分為「釤鈷磁鐵」和「釹鐵硼磁鐵」兩種。兩者皆具有非常高的磁力特性，即使是小型的，磁力也相當高，多使用於手機的震動（vibrator）馬達等小型高科技產品中。缺點是容易氧化，所以在製程中（和氧化鐵磁鐵一樣，是用粉末冶金法製造出來的）防止氧化對策是不可或缺的。

如此依永久磁鐵的特性作為使用的區別，而開發出各種形式的馬達。

用語解說　鑄造：在鑄造模具內的模穴中注入熔融金屬（也可以說是液體、溶液）後，使其凝固，得到所設計形狀製品的金屬加工法。

馬達永久磁鐵的特性和用途

【鋁鎳鈷磁鐵】

強度強，可耐高溫，因此使用於精密機器等元件中。

鋁鎳鈷磁鐵

【氧化鐵磁鐵】

適用於大量生產，因具有高保磁力，而被廣泛地使用。

氧化鐵磁鐵

【稀土類磁鐵】

即使很小也具有非常高的磁力，使用在小型的高科技產品中。

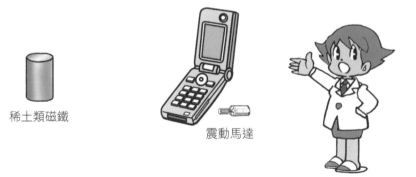

稀土類磁鐵

震動馬達

CHECK POINT

● 馬達用的永久磁鐵為：鋁鎳鈷磁鐵、氧化鐵磁鐵、稀土類磁鐵這三種。
● 永久磁鐵因種類不同而有不同的特性，依照使用上的區別，已開發出各式各樣的磁鐵。

5 磁場方向和電流方向的關係

　　磁鐵 N 極和 S 極，異極互相接近則相吸，同極互相接近則相斥。為何會有如此的現象呢？這和磁場的方向有關係。

　　磁場可用所謂「磁束」的磁力線來表示，有以下的特性或規則。①磁束的密度愈高，磁力愈強；②磁束由 N 極出發，進入 S 極；③ N 極出發的磁束和進入 S 極的磁束數量相等；④磁束不會中途交叉和分枝。如上所述可以知道（特別是第②點），N 極和 S 極異極間具有互相吸引的磁束，但同極間卻為互相排斥的磁束。

◎電流方向和磁場方向之間存在的安培右手定則

　　那麼，電磁鐵的磁場的方向是怎樣呢？

　　將導線通電，周圍會產生同心圓狀的磁場。此時，磁場方向相對於電流方向，是向右旋轉。發現此法則的人，是法國物理學者安培（Andre Marie Ampere，1775～1836 年）。因為類似使用螺絲起子將右旋螺絲往右旋轉，螺絲會往更深處旋進的現象，所以稱作「安培右手定則」。**右旋螺絲的旋轉方向表示磁場的方向，而螺絲旋進方向，表示電流的方向。**

　　電磁鐵是鐵心纏繞著導線的線圈，當電流流通時，所有線圈會產生磁場。此時的磁場方向只要使用右手即可簡單知道。順著電流的方向，右手食指、中指、無名指、小指 4 支手指握住線圈，大拇指垂直豎立。此時大拇指所指的方向即為磁場的行進方向，也就是所謂的 N 極。

　　此外，通過線圈的電流方向若變得相反，磁場的方向也會跟著變相反。此原理和馬達的旋轉運動有著密不可分的關係。

用語解說　密度（磁力線密度）：為磁場的基本單位，表示磁性和磁場的向量（Vector）。

磁場的方向有固定規則

【永久磁鐵】
從N極出發，進入S極

磁束（磁力線）

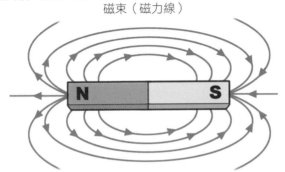

【電磁鐵】
通電時，導線周圍會產生磁場

安培右手定則

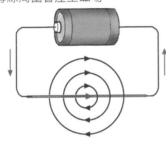

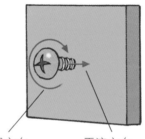

磁場方向　　　　　電流方向

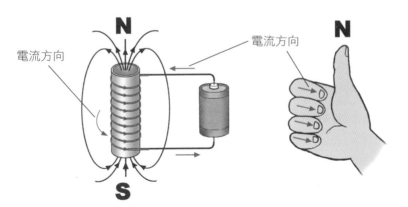

電流方向

電流方向

CHECK
POINT

● 磁力線從 N 極出發，進入 S 極。
● 將導線通電，順著電流的行進方向，會產生向右旋轉
　的磁場。

6 電子、電力、電流的不同

　　您了解電子、電力、電流三者的不同之處嗎？這三個名詞是在認識馬達時非常重要的名詞，所以在此整理如下。

　　所有物質（固體、液體、氣體）皆由原子構成。原子是由質子和中子兩種粒子所組成的原子核，以及在原子核周圍旋轉的電子所組成。

　　質子帶正電，又稱為正電荷，電子帶負電，又稱為負電荷。還有，原子中的質子和電子的特性是①兩者數量相等、②兩者具有相反的作用、③兩者的作用可互相抵消（此種狀態稱為「電中性」）。

◎電子移動和電流方向相反

　　電子圍繞在原子核的周圍，有時受到不明的影響，會飛出而脫離軌道，這些飛出的電子（稱為自由電子）會飛進附近的原子中，導致附近原子的電子數過剩，而放出多餘的電子。

　　這種現象重複發生，電子不斷的接收和放出，就會造成類似滅火時傳遞水桶的情形，這種傳遞水桶的電子接收和放出現象，即為電流的真相。

　　具有負電荷的電子，會從負極向正極移動，在 1897 年時此種現象被證實。在電子未被發現前，科學家們一直深信，電流是由正極向負極流動，基於此一常識而產生了安培右手定則等其他許多法則。若要將所有錯誤的法則全部修正，將會非常的麻煩，因此，只好反過來下一個新定義「**電子移動方向和電流流動方向相反**」，這樣各種法則便可以繼續使用。

用語解說　　自由電子：在真空中或在物質內部自由運動的電子。特別是金屬原子普遍具有自由電子。

電流的真相

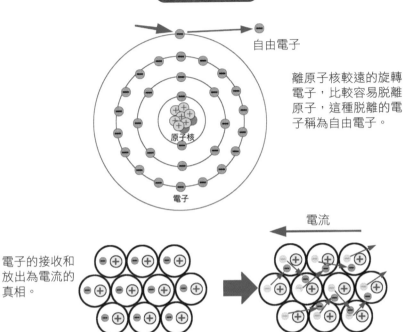

自由電子

離原子核較遠的旋轉電子，比較容易脫離原子，這種脫離的電子稱為自由電子。

原子核

電子

電流

電子的接收和放出為電流的真相。

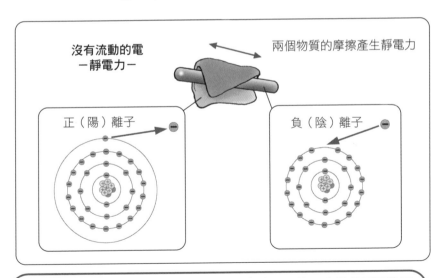

沒有流動的電
－靜電力－

兩個物質的摩擦產生靜電力

正（陽）離子

負（陰）離子

CHECK POINT

●原子是由質子和中子構成的原子核，和繞著原子核周圍旋轉的電子所組成。
●電子流是由軌道飛出的自由電子，從負極往正極移動而產生。

7 馬達的旋轉結構

　　馬達是一種利用磁鐵的相吸和相斥的力量來旋轉的裝置，但是要使其不停的旋轉，必須要有一定的認識。

　　首先，先準備磁鐵棒，並用繩子將其吊起，另外，在線圈中心穿一根軸（鐵棒等）製成「Rotor（**也稱轉子或電樞**）」。將N極設在左邊，S極設在右邊。接著轉子的兩側各放置 1 個永久磁鐵。通常此永久磁鐵即為轉子旋轉的「**定子（Stator）**」。首先將左側的永久磁鐵的 N 極，右側的永久磁鐵的 S 極朝向轉子。

◎重點在電流方向的改變

　　將線圈通電流，轉子即會開始旋轉。以下將解釋為何會有如此的現象：①轉子的 N 極和左側永久磁鐵的 N 極相斥，轉子的 S 極和右側永久磁鐵的 S 極相斥；②轉子的 N 極和右側永久磁鐵的 S 極相吸，轉子 S 極和左側永久磁鐵的 N 極相吸。但是，這樣轉子旋轉到 180 度時，轉子的磁極和永久磁鐵的磁極因為會變成相吸，馬達會因此而停止。

　　此時的作法為，在轉子的 N 極即將要吸引到右側永久磁鐵的 S 極之前，立即停止電流。這個時候，雖然轉子變成不再是電磁鐵，但因為還有旋轉慣性而不會馬上停止。然後在轉子通過 S 極後，馬上再度通電，又會變成電磁鐵。此時的重點為通電方向須和初始的通電方向相反。如此一來，原本 N 極的轉子磁極會變成 S 極，原本 S 極磁極會變成 N 極（右圖③），轉子再度因為磁極的相斥、相吸作用，往相同方向繼續旋轉（右圖④）。重複這樣的動作，就可以持續地旋轉。

　　最簡單的馬達是有兩個磁極的「二極馬達」，如果想要馬達順暢的旋轉，需使用多極數的馬達。

用語解說　**磁極**：磁鐵的切面是最能吸引鐵等物質的地方。

馬達旋轉的基本原理

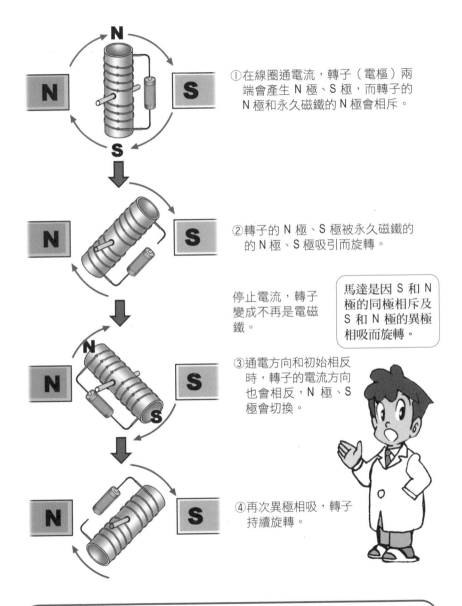

①在線圈通電流，轉子（電樞）兩端會產生 N 極、S 極，而轉子的 N 極和永久磁鐵的 N 極會相斥。

②轉子的 N 極、S 極被永久磁鐵的 N 極、S 極吸引而旋轉。

停止電流，轉子變成不再是電磁鐵。

> 馬達是因 S 和 N 極的同極相斥及 S 和 N 極的異極相吸而旋轉。

③通電方向和初始相反時，轉子的電流方向也會相反，N 極、S 極會切換。

④再次異極相吸，轉子持續旋轉。

CHECK POINT

●馬達利用磁鐵互相的吸引力和排斥力而旋轉。
●馬達能持續旋轉的重點為，電磁鐵通電方向須隨著旋轉作切換的動作。

8 連續旋轉，整流子和電刷的運作

　　在適當時機切斷電流，接著再改變電流方向，可使馬達持續旋轉。用來切斷電流和改變電流方向，使馬達可以產生連續旋轉運動的元件是「**整流子（Commutator）**」和「**電刷（Brush）**」。整流子是安裝在轉子的旋轉軸上（也稱為 Shaft）的兩對電極、連結線圈的電線，會和轉子一起旋轉。

　　另外，電刷是夾在整流子兩側的兩對電極，固定在馬達本體上，跟電源配線連接，是線圈供電的入口，電刷和整流子一起擔負著連續改變電流方向的開關任務。

◎摩擦熱的克服和耐久性為主要課題

　　以下說明二極馬達的結構：①透過電刷對線圈通電時，轉子和整流子一起開始旋轉（變成電磁鐵）；②旋轉到 90 度時，因為整流子和電刷變成不接觸，而導致電流停止（變成不是電磁鐵）；③轉子因慣性而旋轉；④旋轉到 180 度時，整流子和電刷再次接觸（變成電磁鐵）。此時因為整流子是和初始相反側的電刷接觸，線圈的電流流動方向會變成和初始的相反，轉子的磁極也會和初始調換，所以繼續以相同方向旋轉。

　　轉子和電刷對馬達而言，雖然是不可或缺的，但另一方面卻會造成結構上的問題。

　　當轉子和電刷接觸許多次後，會產生摩擦熱、接觸面磨損等問題，因此，轉子的材料多半使用硬且高耐熱性的銅等，而電刷的材料則多使用不易磨損的石墨等。

用語解說　石墨：又稱黑鉛，是一種由碳元素形成的礦物。因為化學性質安定，潤滑性佳，多使用於電解用電極、電刷、耐熱塗料、潤滑劑、鉛筆筆蕊等。

轉子、電刷位置和馬達旋轉的結構

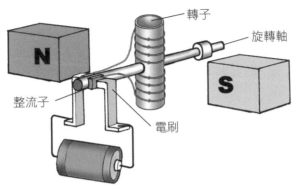

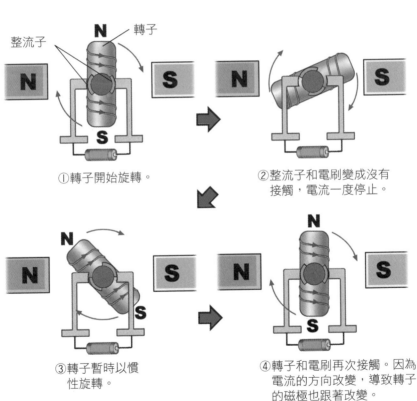

①轉子開始旋轉。

②整流子和電刷變成沒有接觸，電流一度停止。

③轉子暫時以慣性旋轉。

④轉子和電刷再次接觸。因為電流的方向改變，導致轉子的磁極也跟著改變。

CHECK POINT

●整流子和電刷的接觸、不接觸動作，使馬達可以連續旋轉運動。
●整流子和電刷必須有耐熱性和耐磨損性。

9 電流的電磁作用和電磁感應定律的發現

　　探究馬達的開發史，最先想到的應屬義大利物理學家伏特（Alessandro Volt，1745～1827 年）。伏特在 1800 年發現放在電解液（通電時具有某種性質的水溶液）中的 2 種金屬，在接觸時會產生電流。這就是世界第一個電池，也是人類最早發明的連續發電裝置。因為伏特是發現者，後世便以伏特作為電壓單位。

　　伏特的發現，刺激了丹麥學者厄斯特開始電學研究，1820 年，他注意到將電線通電後，周圍會產生磁場的現象。這一個被稱為「**電流的磁場作用**」的大發現，在幾年後，和法國安培等人的電磁學研究及發展有了相互的連結。

◎法拉第是世界最早的馬達研究專家

　　還有不能忘記的是被稱為天才實驗家的英國物理學家，法拉第（Michael Faraday，1791～1867 年）。法拉第依據電流的磁場作用，在 1831 年提出磁鐵和線圈相對運動時，會產生電流的「**電磁感應定律**」。

　　電磁感應是①移動磁場內的磁鐵，而使磁力線變化，線圈會產生電流（＝感應電流）；②線圈通電，會產生磁場（＝電磁力）的現象。法拉第根據這些原理，在 1831 年製作出世界第一部發電機。

　　事實上，法拉第在電磁感應定律被系統化以前的 1821 年，就發明了稱為「法拉第馬達（Faraday Motors）」的世界第一部馬達。這是在固定的磁鐵周圍，纏繞著流通電流的電線，為此一馬達的結構。法拉第發明了現代社會不可或缺的馬達和發電機。

用語解說　電壓：主要用於電流回路中使用的名詞，又稱電位差。電壓是驅動電流在導線中流通的能力。

伏特和法拉第的發現促成馬達的發明

伏特

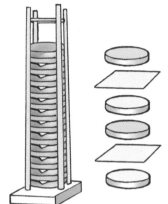

伏特發現放在電解液中的兩種金屬接觸時會生電。

法拉第

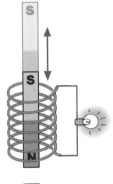

法拉第發現磁鐵和線圈的相對運動會產生電流，即「電磁感應定律」。

●伏特或厄斯特、安培等人，對於電磁學的發展有極大的貢獻。
●世界最早發明馬達和發電機的人是法拉第。

10 表示電流、磁場、電磁力方向的弗來明定則

　　提到電磁感應領域，絕不能遺漏的是英國知名的物理學家、電機學家弗來明（Fleming，1849～1945年）。當年弗來明在倫敦大學教學生電機工程的時候，為了使學生理解法拉第的電磁感應定律，而用自己的手來做説明。因為這個教學指導的方式，使得有名的**弗來明的「左手定則」**和**「右手定則」**從此被世人熟知與運用。

　　左手定則指出了電磁力運作時的電流、磁場、電磁力的3個方向。左手中指、食指、拇指三指成直角角度打開，中指為「電流方向」，食指為「磁場方向」，拇指為「電磁力方向」。

◎馬達和發電機的運作原理

　　和左手定則成套運用的是右手定則，右手定則指出感應電流發生時的磁場、感應電流、電磁力的方向。右手中指、食指、拇指成直角打開，中指為「感應電流的方向」，食指為「磁場方向」，拇指為「電磁力方向」。

　　簡而言之，左手定則表示「電流產生的磁力」，可説明**馬達的動作原理**。另一方面，右手定則為「磁力產生的電流」，可説明**發電機的動作原理**。

　　另外，弗來明在1904年發明了封入陰極和陽極的真空二極管，對電機工程的發展有很大貢獻。由於真空管的出現，使得日後能夠發明收音機和電視，進而發明了代替真空管的半導體。

用語解説 　**感應電流**：為貫穿線圈的磁束量變化時，線圈內產生起始電力的電流流動現象。這個起始電力稱為感應起始電力，其電流即稱為感應電流。

弗來明的「左手定則」和「右手定則」

【左手定則】
「電流產生磁力」
　　說明馬達的動作原理

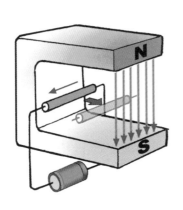

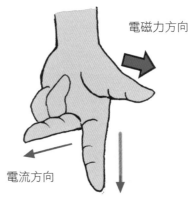

電磁力方向

電流方向

磁場方向

【右手定則】
「磁力產生電流」
　　說明發電機的動作原理

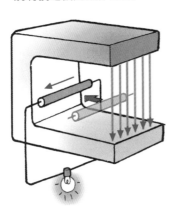

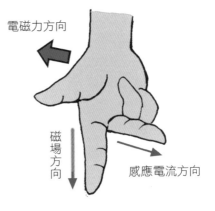

電磁力方向

磁場方向

感應電流方向

●左手定則說明電磁力運作時的電流、磁場、電磁力的方向。
●右手定則說明感應電流發生時的磁場、感應電流、電磁力的方向。

CHECK POINT

11 馬達和發電機具有相同的結構

　　弗來明的左手定則和右手定則，分別將馬達和發電機的原理以易懂的方式表示出來。此二者之所以會配成套，是因為相互有密切的關係。

　　對馬達而言，「與磁場方向呈直角放置的線圈，通電時，因為電流的磁場作用，會產生驅動線圈的力量」這個現象為馬達運轉的基本原理。

　　和此原理相反的即為發電機，是應用「在磁場中放置線圈，使磁鐵運動，磁束就會產生變化*，因而產生電流」的電磁感應作用。總之，馬達和發電機只是將作用的力和產生的力互換而已，它們是表裡一體的關係。

◎馬達和發電機為可逆的關係

　　電使馬達旋轉，另一方面，馬達旋轉時也會產生電。

　　最容易理解的是電動輔助自行車。上坡時馬達提供輪胎旋轉所需的力量，下坡或剎車時馬達擔任發電機的任務產生電，對充電電池充電。剎車時馬達會切換為發電機，這個結構，稱為「再生式剎車系統」，是經常使用在可降低消耗電力的汽車或電車、電梯等的方式。

　　使用在更大規模時，例如抽水發電。水庫中所儲存的水，沖下時所產生的能量，會帶動水車旋轉而發電，這就是水力發電。在需要較少電力的晚上，火力發電廠會將多餘的電送到水庫，利用此多餘的電力，將水庫發電機當作馬達來使用，帶動水車，將水送回位在高地的水庫。

　　存在此種逆現象關係者稱為「可逆」。「可逆」在氧化還原等物理或化學的領域裡是常有的事。

***審訂註**：即讓線圈在磁場中運動時產生的效果。

用語解說　電動輔助自行車：利用馬達的力量輔助，減輕腳踏板踩踏負載的自行車。

馬達和發電機的原理

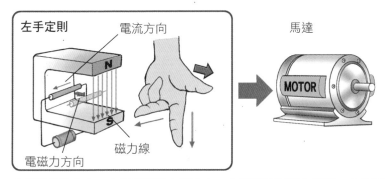

中指表電流方向，食指表示磁力線方向，此時導線受磁力影響，會往拇指所指的方向運動。

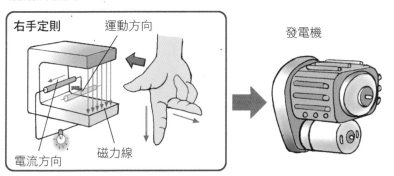

食指表磁力線方向，拇指表示導線運動方向，此時中指所指的方向即為電流流動方向。

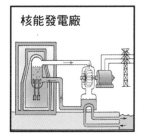

●馬達是應用電流的磁場作用而產生力，使線圈動作的原理。
●發電機是應用在磁場中線圈運動，使磁束發生變化，線圈就會產生電流，即電磁感應作用。

12 電線的繞線方式會影響馬達的性能

　　馬達最重要的部份，是將電線繞成螺旋狀的線圈，不同的繞線法，馬達性質也會有很大的差異。

　　基本條件是電線繞幾圈的「**匝數（Turn）**」，在電磁鐵實驗時，可發現電線纏的愈多，電磁力愈強，從這一點我們可知，**當線圈的匝數愈多時，轉子的旋轉力會愈強。**

　　但問題在電線的電阻。單純地將匝數增加 2 倍，電線長度也同時會增加 2 倍，電阻也會變成 2 倍。因此若只供給和匝數增加為 2 倍前相同強度的電壓時，線圈流通的電流只會有原來的一半而已，電磁力還是依然沒有改變。

◎**繞線方式不同，會產生不同的馬達**

　　在此研究的是「二線並繞」「三線並繞」等繞線法。這是多條電線一起繞線的情形，若是只有 1 條繞線則為單線繞，2 條則為二線並繞，3 條時則為三線並繞。因為並繞數雖增加，但每一條電線的長度並沒有變，因此電阻不會增加。若僅比較相同匝數產生的電磁力（磁束密度），理論上二線並繞為單線繞的 2 倍，三線並繞為單線繞的 3 倍。

　　雖然電流變強時，電磁力也會變強，但為了使大量電流流通，因此必須使用電阻較小的電線，而加粗電線是最簡單的解決方法。纏繞粗電線時，電線和電線之間的間隙會較大，匝數會減少。依據這個觀點來看可以知道，用較細的線來做二線並繞或三線並繞，由於電線密度較高，對提高輸出較為有利。

　　但是，因為匝數或二線並繞、三線並繞等電線的並繞數愈多，所使用電線的量會愈增加，線圈會變大、變重，也會影響到旋轉力。一般來說，**匝數或並繞數較少者，具有高轉速特性，匝數或並繞數較多者，則具有高轉矩特性。**

用語解說　　電阻：導體通電時，兩端會產生與電流成比例的電位差（電壓），此電位差和電流的比，稱為電阻。

轉子的銅線繞線法

轉子為馬達的中心
轉子的中心為線圈

增加電磁鐵的線圈數,
磁鐵的磁力也會變強。

雖然線圈數(匝數)增加時,電磁力會變強,轉子的旋轉力也會變強,但匝數增加,表示電線的長度需增加,電阻也隨之增加,流通的電流會減少,結果電磁力不變。

各種繞線法

為了作出不增加電阻而能有強電磁力的轉子,因而開發出二線並繞、三線並繞等繞線法,表示一起並繞了幾條的電線。

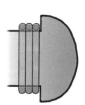
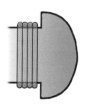

| 單繞線 | 二線並繞 | 三線並繞 | 四線並繞 |

因為即使並繞數增加,由於每 1 條電線的長度不變,電阻不會增加。用較細的電線繞線時,電線密度會變高,磁束的密度也變高,電磁力因而變強。

匝數少
高轉速

匝數多
高轉矩

CHECK POINT

●電磁鐵的電線繞線圈數愈多,產生的電磁力愈強。
●為了不增加電阻,而開發出二線並繞或三線並繞的繞線法。

馬達內部不可或缺的電線

　　電線是馬達的旋轉運動中不可缺的元件，以下將對電線再加以補充說明。

　　電線為旋轉的通道，也稱為導線。依據社團法人日本電線工業會所解釋的，電線一詞為以前導電金屬線的統稱，近來則將光纖導線等，使用玻璃纖維傳送訊號的產品等，也包含在電線的範圍內。

　　電線大致有 3 個主要的作用。

　　第 1 個是將發電廠的電輸送到消費地的變電所，在變電調整電壓後，再將調整過的電送到工廠或大廈、公寓住家等。這是電力電線的工作。

　　第 2 個是電信使用，將聲音或影像、資料等資訊傳送出去。這是通信電線的作用。電力‧通信這兩種電線，是將電能或電力訊號送達目的地的電線。

　　第 3 個是將電能轉換成機械能（馬達），機械能轉換成電能（發電機）。這是線圈狀電線（嚴格的說是線圈相互繞線）的作用。

　　線圈大致區分為：表面塗有可溶性有機樹脂烤漆的琺瑯漆包線（Enamel Wire）、可對應電子機器的高周波化琺瑯絞線漆包線（Ritz Wire）、在導體上披覆玻璃纖維等絕緣（遮斷電流不讓其流通）物的橫線圈等。

　　如前面所說明的，鐵心等強磁性體的周圍纏繞有螺旋狀電線者，稱為線圈，線圈通電時，轉子（電樞）就會旋轉。

第2章

馬達的基本構造和控制方法

現在我們已經開發出各種不同的馬達，但基本構造還存有相當程度的共通性。本章將介紹馬達的構造、性能，以及使馬達穩定旋轉的控制方法。

馬達因電磁感應而產生動作,其中最基本的元件為磁鐵和線圈。為了得到良好效率的電磁感應,目前已運用這兩種元件開發出各式各樣的馬達。此處所舉例說明的是一般的 DC(直流)馬達(請參照 66 頁)。一種構造非常簡單的馬達。

【轉子】旋轉軸的周圍設置有線圈的元件,馬達旋轉力的來源。又稱旋轉「電樞」。

【旋轉軸】支撐轉子傳達動力的棒狀軸。英文是 Shaft。突出馬達外罩,轉個不停的就是此元件。

【軸承】支撐轉子的旋轉軸(Shaft)元件,英文是 Bearing。順暢旋轉不可或缺的元件。有使用球軸承的「滾珠軸承」和不使用球軸承的「滑動軸承」,兩者的差別很大。另外還有精密馬達用的「流體軸承」或太空開發用的「磁性軸承」等特殊用途軸承。

【外罩】英文是 Housing,即固定磁鐵的框罩,也可以單純的稱為機殼(Case),和磁鐵共同產生磁場的元件。

【定子磁鐵】產生馬達旋轉力的磁鐵,和外罩共同產生磁場。

【磁鐵定位針】將磁鐵固定在外罩的針。

【鐵心】為了產生效率良好的電磁力而所使用的鐵心(motor core),又稱「心子」,為轉子的中央核心元件。旋轉軸穿過其中心,其上纏繞線圈構成電磁鐵。因為這是用薄的心子堆疊製成,故也稱為「積層鐵心」。近年來為了對應高性能化的要求,而使用了更薄的心子來堆疊。

【絕緣心子】防止線圈流通的電流被導到心子的元件,和鐵心形狀相同。

用語解說　**軸承**:俗稱培林。裝置在機械類,支撐車輪、齒輪、滑輪(Turbine)、轉子等旋轉部位的軸元件。

馬達的基本構造①（DC 馬達）

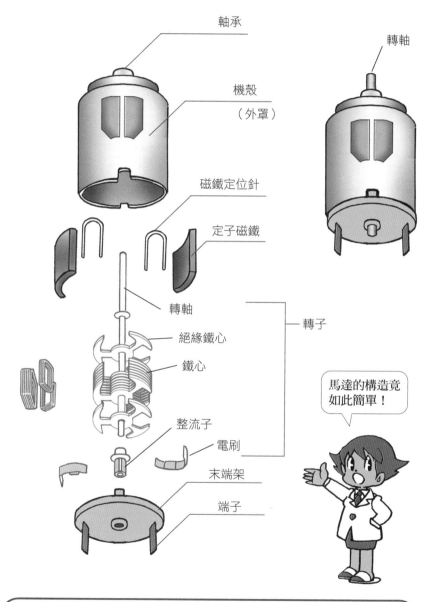

軸承

轉軸

機殼
（外罩）

磁鐵定位針

定子磁鐵

轉軸

轉子

絕緣鐵心

鐵心

馬達的構造竟
如此簡單！

整流子

電刷

末端架

端子

CHECK POINT

- 轉子是設置在旋轉軸周圍，有線圈的元件，馬達旋轉力的來源。
- 產生效率良好電磁力所使用鐵心，是轉子的中央核心元件。

　　馬達是一種從外部通電而旋轉的裝置，元件雖小，為了有效轉換電力卻下了很多的功夫。

【轉子襯套】

　　Rotor Bush 是裝在軸上的元件。作用是固定整流子和鐵心，用以定位。

【轉子線圈】

　　纏繞鐵心的銅線。通電時會產生電磁力，有將電力轉換成旋轉力的功能。不同繞線方法，會導致馬達的輸出不同。

【整流子】

　　DC 馬達必須通電給旋轉的鐵心。因為是從罩框側通電，故使用於鐵心側入口的，即是整流子這個元件。製作材料是銅合金等，和罩框側的電刷共同在適當時機切斷電流、轉換電流方向的作用。因為這個轉換的動作，使得馬達內轉子的 N 極與 S 極會交替切換，馬達即可不停旋轉。

【電刷】

　　英文是 Brush，為了使外部電源端的電流，流通到線圈，在機殼側出口擔任此任務的為電刷。考慮到導電性，因此多使用碳（Carbon）為材料，和整流子一起使馬達可連續旋轉運動。

【末端架】

　　是機殼的蓋子，也是固定電刷的蓋子。一般會連接一個接收外部電源的電流端子（Terminal）。為不導電材質，目的是使從端子往電刷流通的電流，不要漏電到機殼等地方。還有為了支撐轉軸，也包住軸承。又稱端蓋。

【端子】

　　是為了讓電流傳達到馬達，而露出於末端架，是連接電源的部分。

用語解說　漏電：在電線或電器中，電流不依照設定的部位流動，而漏出到其他部位的情形。

馬達的基本構造②（DC 馬達）

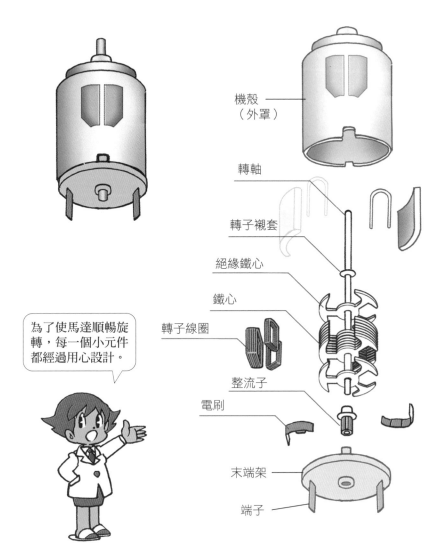

機殼
（外罩）

轉軸

轉子襯套

絕緣鐵心

鐵心

轉子線圈

整流子

電刷

末端架

端子

為了使馬達順暢旋轉，每一個小元件都經過用心設計。

CHECK POINT

●繞在鐵心的銅線稱為轉子線圈，不同的繞線方法，會使馬達的輸出不同。
●電刷是使從外部電源接收到的電流，流到線圈的元件，可以幫助馬達連續旋轉運動。

3 變壓器和整流器的功能

　　發電廠所生產的電力（交流電）是使用高壓傳送出去的。高壓輸電具有將大量的電力一次輸送到遙遠距離的優點。但是，一般家庭無法使用這樣的高壓電力，因此必須將其降到實際可用的電壓，此時就需要使用**變壓器**來調整電壓。

　　實際上，現在台灣台電發電廠輸出的電壓是加壓至 345kV（1000V）後傳送出去，電壓經過超高壓變電所→配電用變電所→電線桿變壓器（電線桿 Transformer）分別降壓，送到一般家庭時只剩 110V 或 220V。

◎變壓器為交流送電的樞紐

　　變壓器變換電壓的原理，是利用電磁感應，電磁感應是馬達的基本原理，也是形成現代社會巨大輸配電網路的基礎。

　　變壓器為輸入線圈（一次繞組）和輸出線圈（二次繞組）的裝置，當交流電流入輸入線圈產生磁束時，磁束會影響輸出線圈，而產生電流。若此時輸入線圈和輸出線圈的繞線數不同，輸入和輸出的電壓會因繞線數的不同，而產生放大或縮小的變化。

　　具體而言，輸入線圈的繞線數，若比輸出線圈多，輸出電壓會比輸入電壓低，相反的，輸出電壓則會比輸入電壓高。把電壓降低的動作稱為「降壓」，把電壓升高的動作稱為「升壓」。

　　還有，**整流器**是可以將直流電轉換為交流電的裝置。一般家庭使用的個人電腦等電子機器，大多數是採用直流電運作的，但發電廠送來的電是交流電，因此家裡的電器是用 AC 變壓整流器的裝置，將交流電變換成直流電。

用語解說　AC 變壓整流器（Adapter）：將交流電（AC）轉換成直流電（DC）的小型裝置。

直流電和交流電

直流（DC）

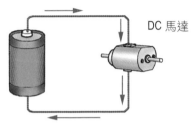

DC 馬達

電壓

時間

直流的電流經常只往固定的
方向流動

交流（AC）

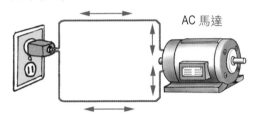

AC 馬達

電壓

50Hz（60Hz）

時間

交流的流動電流方向，會依
一定的周期變化

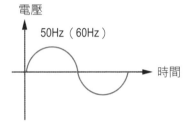

台電發電廠送出的電壓高達345
仟瓦（kV），經過超高壓變電
所、配電用變電所、電線桿變
壓器，到達一般家庭時只剩
110V 或 220V。

AC 變壓整流器

使用 AC 變壓整流器，可以
將交流電轉換成直流電，電
器才能使用。

CHECK
POINT

●從發電廠高壓送出來的交流電，必須用變壓器將其降
　到 110V 或 220V 一般家庭才能使用。
●變壓器的輸入線圈流通交流電時，因為磁束的變化，
　輸出線圈會產生電流，調整電壓。

4 提高電力，可增加電磁鐵強度

電磁鐵的磁力強度，對馬達的旋轉力有很大的影響。將纏繞電線的塑膠小圓筒，穿入鐵釘，再將電線通過電流即可製成電磁鐵，但是這樣簡單的電磁鐵無法產生強大的機械能。因此，該怎麼做才可使電磁鐵的磁力變強呢？

答案很簡單。首先第一個方法是如 32 頁所解說的，可增加磁束密度。一條電線單線繞 100 次的線圈，和兩條電線並繞 100 次的線圈，製成的電磁鐵，何者可以吸附比較多迴紋針呢？只要做個實驗，很容易就知道答案（兩條電線並繞）。

為了提高馬達的旋轉力，一般是採用較細電線，同時增加線圈並繞數的方法。

◎適合高輸出的高壓電流

另一個方法是提高線圈的流通電壓。準備繞線 100 次的線圈兩個，將其中一個連接一個乾電池，另一個則連接兩個串聯的乾電池，製成兩個不同的電磁鐵。結果是後者可以吸附較多的迴紋針。依此類推，串聯三個乾電池來提高電壓時，則可以附更多的迴紋針。

若想使馬達有較大旋轉力，一般是使用高壓電力。例如，東京的電車馬達主要是使用 1500 伏特的高壓電力（註：台北捷運是 750 伏特）。工廠或大規模事業場所，則使用由電力公司提供的數百伏特以上的高壓電力。

還有，一般家庭用冷氣機或電熱水器、洗烘乾機等，常見高輸出型式的 220 伏特規格。

用語解說 機械能：驅動機械或設備的能量。

增加電磁鐵強度

纏繞電線的塑膠圓筒，中間穿過鐵釘，可製成電磁鐵。

電磁鐵：
①放入鐵心
②增加線圈的匝數
③提高電流
以上方式可提高電磁鐵強度

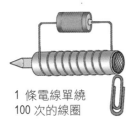

1 條電線單繞
100 次的線圈

2 條電線並繞
100 次的線圈

增加磁束密度時可吸附較多的迴紋針

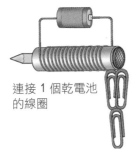

連接 1 個乾電池的線圈

連接 2 個串聯乾電池的線圈

串聯 2 個乾電池，可吸附較多迴紋針。

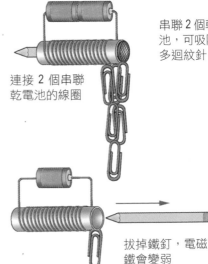

拔掉鐵釘，電磁鐵會變弱

CHECK POINT

●為了提高馬達的旋轉力，一般採用細的電線，以增加線圈並繞數的方法。
●若想使馬達有大的旋轉力，一般是用高壓電力。

　　「額定」為馬達運轉的使用限度，指的是馬達等機器所被保證的，關於電力、機械的使用限度。為了能清楚表示馬達的性能、性質，選擇適合使用於電器製品的馬達，「額定」是個重要標準。

【額定輸出】馬達可以安全使用的輸出極限。由額定轉速和額定轉矩決定。單位為表示輸出能力的「W（瓦特，Watt）」。

【額定時間】額定輸出可以持續正常運轉的時間。因為馬達連續使用時會發熱，一般為了不讓溫度上升而導致燒損，會訂定一個運轉可能時間。運轉時間有「連續額定」和「短時間額定」兩種的區別。

【連續額定】是指以額定輸出可以正常連續使用的時間，在此時間內連續使用，不會超過溫度上升的界限。

【短時間額定】是指在額定輸出下，馬達可以正常運轉的最長時間。在指定條件下，短時間使用時，不會超過溫度上升限度的時間。

【額定電壓】在額定輸出下可正常運轉的電壓，單位為「V（伏特）」。

【額定電流】在額定輸出下可正常運轉的電流，單位為「A（安培）」。

【額定頻率】在額定輸出下可正常運轉的頻率，單位為「Hz（赫茲）」。

【額定旋轉數】在額定輸出下可正常運轉的單位時間內旋轉數。

【額定轉矩】額定輸出時的轉矩，單位為「N・m（Newton・meter）牛頓米」。

用語解說　審訂註：「功」在物理學上定義為力乘以力方向的位移。即為力對物體所做的功單位是焦耳。

額定的數據顯示

額定表示馬達的性能或性質

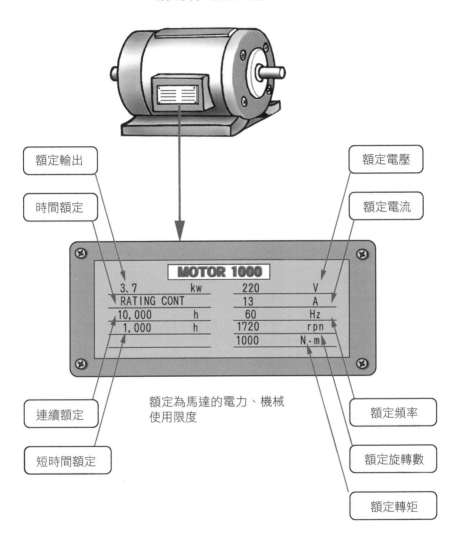

額定輸出

時間額定

額定電壓

額定電流

```
         MOTOR 1000
3.7         kw      220       V
RATING CONT         13        A
10,000      h       60        Hz
1,000       h       1720      rpn
                    1000      N·m
```

連續額定

短時間額定

額定為馬達的電力、機械
使用限度

額定頻率

額定旋轉數

額定轉矩

CHECK
POINT

●額定有各種不同的標準。
●電器用品等在選擇適合的馬達時,額定為其重要的標
　準。

6 表示馬達驅動力的轉矩

在馬達的世界中，轉矩一詞會經常的被使用到。**轉矩即是旋轉的力量（也稱旋轉力或驅動力）**。弗來明左手定則（請參照 28 頁）的「電磁力」即相當於轉矩。

以力的大小（符號 F，單位牛頓 N），以及旋轉軸的中心到作用點間的垂直距離（符號 r，單位公尺 m）的乘積來表示轉矩（符號 T，單位牛頓米 N·m）。例如，從距離馬達轉軸 1 m 的作用點處，施以 10 N 的垂直力（垂直於半徑），轉矩即為 10 N·m。從距離旋轉軸 2 m 的作用點處，施以 5 N 的力，轉矩也為 10 N·m。也就是說作用力愈大，若從轉軸的中心到作用點間的距離也愈大，轉矩也愈大。

◎轉矩和旋轉數的平衡很重要

轉矩和馬達的轉速有很密切的關係，我們可以求得，轉速上升的同時轉矩也變大，以及當轉速超過一定的數值時，轉矩會變小，畫出拋物線的曲線。此關係表示「**轉速與轉矩特性**」，是決定馬達性能的重要條件。

當馬達在一定的電壓或頻率下，所得到最大的轉矩稱為「最大轉矩」或「制動轉矩」。一般而言，**轉矩愈大的馬達轉速愈慢，轉矩愈小的馬達轉速愈快**。因此，馬達也可以依轉速大致區分為高轉速（低轉矩）和高轉矩（低轉速）兩種。

但是，同步（Synchronous）馬達（請參照 114 頁）的轉速是依據電源頻率而決定的，這種馬達轉矩的大小和轉速之間並沒有關係。

用語解說 作用點：使物體的運動狀態發生變化的參考點。

轉矩和轉速的關係

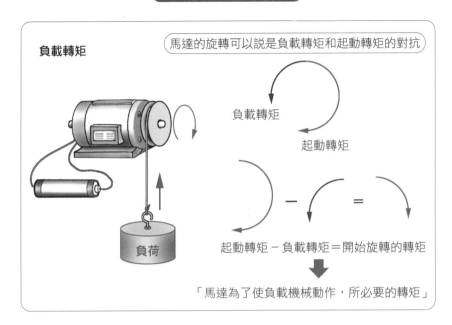

負載轉矩

馬達的旋轉可以說是負載轉矩和起動轉矩的對抗

負載轉矩

起動轉矩

負荷

起動轉矩－負載轉矩＝開始旋轉的轉矩

「馬達為了使負載機械動作，所必要的轉矩」

轉速－轉矩特性的關係

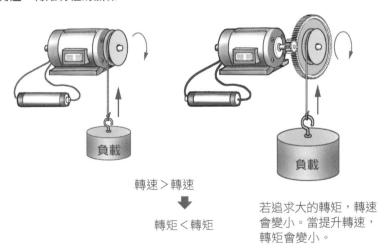

負載

負載

轉速＞轉速

轉矩＜轉矩

若追求大的轉矩，轉速
會變小。當提升轉速，
轉矩會變小。

CHECK
POINT

●馬達的力量愈大，從轉軸的中心到作用點，距離愈
遠，轉矩愈大。
●轉矩和馬達轉速的關係，是以「轉速－轉矩特性」來
表示，並且是決定馬達性能的重要條件。

7 起動轉矩、負載轉矩和轉矩的測量方法

馬達運轉時，理論上，先以「**起動轉矩**（馬達開始運轉的轉矩）」使馬達開始旋轉。

然而，因為大部份的馬達輸出軸，都有**慣性負載**（旋轉體為了維持原來運轉狀態的力量大小，以慣性力矩MOI表示）**或摩擦負載**（馬達驅動機械時自身的摩擦力，又稱為反抗轉矩）所形成的「**負載轉矩**」。因此，**起動轉矩需克服負載轉矩，馬達才會開始旋轉**。

負載轉矩的廣義定義為「馬達為了驅動所負載的機械，而必須具備的轉矩」。

輸出軸的負載若比起動轉矩大，此時馬達無法起動。例如，只能舉起10kg重物的馬達，若強迫其舉起20kg重物時，將無法順利舉起。因此，要使用馬達去驅動慣性負載非常大的電車時，起動轉矩必須要更大（必須比起動時的轉矩更大）。因此，無論如何都必須使用大輸出的大型馬達。

◎馬達的轉矩可以簡單的測定出來

測定轉矩，必須準備馬達和電源、滑輪（Pulley）、拉力計以及繩子等。

測定方法為：①在馬達的轉軸裝上滑輪，②滑輪的外圍繞上繩子，③繩子的一端勾在拉力計上，④使馬達運轉，然後測定拉力計上所受的力，⑤滑輪的半徑（馬達轉軸中心到作用點的距離）和拉力計上所受力的乘積，即是轉矩。此時拉力計擔任負載轉矩的角色，以被拉伸的程度為準，是一個可以簡單測定馬達旋轉力，也就是測定轉矩的結構。

用語解說 | **慣性力矩**：表示對於物體旋轉運動所產生阻力的大小，即轉動慣量。

轉矩的測定法

【轉矩的測定法】

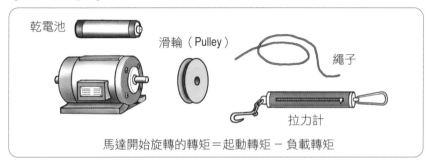

乾電池

滑輪（Pulley）

繩子

拉力計

馬達開始旋轉的轉矩＝起動轉矩 － 負載轉矩

將上述工具加以組合，即可簡單測定轉矩

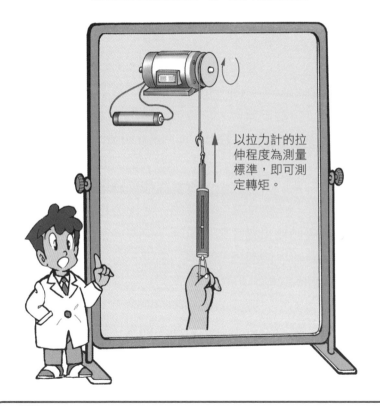

以拉力計的拉伸程度為測量標準，即可測定轉矩。

CHECK POINT

● 馬達的輸出軸，一般具有慣性負載或摩擦負載兩種負載扭力。
● 如果有比馬達的起動轉矩更大的負載，加諸於輸出軸時，馬達是無法起動的。

　　為了能夠適當利用馬達所輸出的機械力（旋轉力），我們要調整馬達到所希望的轉速，而維持此轉速的「**控制**」是必要的。

　　馬達無法跟引擎一樣，慢慢地提高轉速。因為，基本上電源的電壓和電流都是固定的，所以打開電源開關時，馬達立刻就會開始全速旋轉。

　　因此，專家們思考出一些控制的方式。因為直流馬達具有隨電壓改變，旋轉力也跟著改變的特性，所以便可藉由調節電壓來控制馬達轉速。具體而言，即是在電源和馬達之間，加入某些能使馬達保持在 ON 狀態的電阻，並逐漸降低電壓，使馬達的轉速降低的方式。

　　還有，改變電刷的方向，也可以使某些線圈產生和旋轉方向相反的旋轉力，以降低轉速。另外還有電源 ON · OFF 瞬間快速反覆開關的脈波寬度調變（PWM ＝ Pulse Width Modulation）等方式。

◎交流馬達是利用變頻器或變換極數來控制轉速

　　交流馬達可利用變換電流的頻率、或變換極數來控制轉速。因為一般使用變頻器來變化頻率，除了可在起動或停止時慢慢調節轉速外，也有可以瞬間進行逆轉的優點。另外，還可以用 PLC（Programmable Logic Controller 可程式邏輯自動控制器）電子控制裝置，依內部事先設定的程式來切換頻率。

　　另一方面，極數的變換適合在馬達的變速比為 1 比 2、2 比 3 等階段式控制的狀況下使用。利用機械式的開關來變換極數，當極數增加時轉速會下降。因為同步馬達的轉速是根據電流頻率來決定的，所以通常都會保持在固定轉速。

用語解說 變頻器：可將直流電變換為交流電，或可變換交流電之頻率的電力變換裝置。

馬達轉速的控制方式

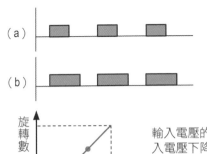

（a）

（b）

脈波寬度調變方式：矩形部分表示電源 ON，谷形部分表示電源 OFF 的狀態。（b）圖中電源 ON 的時間比（a）圖久，所以（b）圖的馬達轉速比（a）圖快。

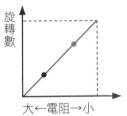

旋轉數

大←電阻→小

輸入電壓的調整：電阻值愈高，會使輸入電壓下降，轉速變低。實際上轉速對應電阻值，會呈階段性的變化，使用愈大的電阻來控制，愈能得到明顯的轉速變化。

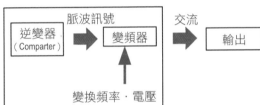

交流　　　　　　　脈波訊號　　　　交流

電流 → 逆變器（Comparter） → 變頻器 → 輸出

變換頻率‧電壓

變頻器控制：將交流電變換成直流電，當再次變換回交流電時，可以變換成任意的電流頻率或電壓。

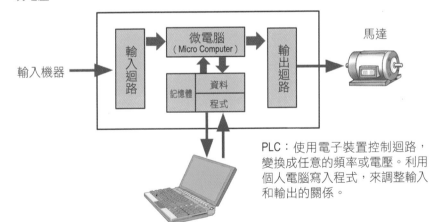

輸入機器 → 輸入迴路 → 微電腦（Micro Computer） → 輸出迴路 → 馬達

記憶體　資料　程式

PLC：使用電子裝置控制迴路，變換成任意的頻率或電壓。利用個人電腦寫入程式，來調整輸入和輸出的關係。

CHECK POINT
●直流馬達的旋轉力控制，是以調節電壓來進行。
●交流馬達是以改變電流的頻率或極數，來控制馬達轉速。

9 結合比例、積分、微分的 PID 控制

　　關於馬達的自動控制方式，一般最常見的是「PID 控制」。這是將比例（Proportional）、積分（Integral）、微分（Differential）三種計算加以組合，以實現流暢的控制。

　　前面介紹過的 PWM 方式，為瞬間反覆 ON．OFF 電源的調整方式，操作時經常在 100%（ON）和 0%（OFF）之間行進，所以，會重複發生相對於目標值偏高或偏低的現象。因此，對於目標值和現在值*的差距，進而研究出了以此差距的比例作為操作量，而將其慢慢調節的「**比例控制**」方式。

　　雖然這個方式可以實現流暢的調整，但接近目標值時，和現在值的差會變得非常小，導致無法進行比例控制，是一大缺點。由於近似值無論如何皆無法與目標值完全一致，造成誤差狀態，則稱為「**殘留偏差**」。

◎先用積分，再用微分來調節偏差

　　為了消除殘留偏差而被開發出來的方法是「**積分控制**」。積分控制為，當殘留偏差累積到達一定的大小時，只修正殘留偏差的部份。積分控制和比例控制，合稱為「PI 控制」。

　　PI 控制雖然可以和目標值完全一致，但是為了累積殘留偏差必須要消耗時間，因此無法進行快速的調節。例如，在即將要到達目標值前，受到一個大負載的情況下，對於此大負載，必須開始重新積分。因此在負載經常變動的情況下，會導致永遠無法到達目標值的困境。

　　此時使用的是可以對大變動前後的殘留偏差，做比較大的操作方式，即「**微分控制**」。在 **PI** 控制中加入微分控制，即構成 **PID** 控制。

***審訂註：**「現在值」是指受控對象（馬達）當下的操作值（如轉速或轉矩）。

用語解說 控制：為了控制對象物的動作成所期望的樣子，而進行輸入操作，稱為控制。
不需要人為控制者，則稱為自動控制。

不同控制方法的操作量和控制量

「脈波寬度調變方式（PWM ）」

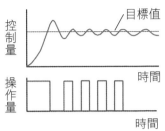

馬達轉速會經常重複性的偏高和偏低於目標值

電源經常的重複 ON 和 OFF

比例控制

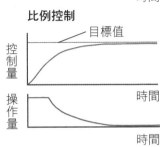

雖然已將目標值和實際轉速的差（偏差）控制於某一比例內，但當偏差變得太小時會無法控制，因此當目標值和轉速沒有完全一致，因無法控制而殘留下來的偏差，稱為殘留偏差。

偏差變小，操作量也變小。

PI 控制

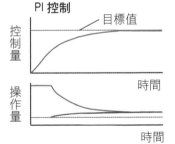

以累積殘留偏差的積分，決定控制量，可以使目標值和轉速完全一致。

積分的結果，變成必須要經常的操作，而且操作量會變得較比例控制還多。

PID 控制

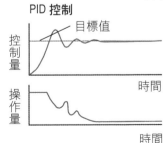

以較大的控制量，可以使馬達轉速很快和目標值一致。

發生大的控制時，操作量也變大。

●PID 控制為比例（Proportional）、積分（Integral）、微分（Differential）三種方式加以組合來控制。
●PI 控制雖然可以使受控值和目標值完全一致，卻無法對應瞬間的變動。

改變轉速、轉矩、旋轉方向的齒輪

馬達的轉速以國際單位系統（SI）「r/min（rotation per minute）」來表示。但是因為日本統一使用 SI 是 1999 年才開始的事，所以也有不少人對過去使用的「rmp」表示方法較熟悉。

持續用最大轉矩的轉速，會使馬達的效率變成最高。但是，需要用固定速度動作的機械，或必須固定轉矩的機械，其實並不多。因此解決此問題的方法是稱為「**變速機**」或「**減速機**」的**齒輪**。

例如，先準備有 10 個齒數的 A 齒輪，和有 20 個齒數的 B 齒輪，及轉速為 100r/min 的馬達。把 A 齒輪裝到馬達軸上，和 B 齒輪嚙合，此時 B 齒輪的轉速只有馬達轉速的一半（50r/min）。但若把 A 齒輪和 B 齒輪互相交換，A 齒輪的轉速卻會變成馬達轉速的 2 倍（200r/min）。此種轉速的變化比例，稱為**變速比**。

◎減速機主要用來增大轉矩

另一方面，**使用齒輪使轉速改變的同時，轉矩也會跟著改變**。由上述的例子可得知，當轉速變成一半時，轉矩會變成 2 倍，轉速變成 2 倍時，轉矩會變成一半，呈反比關係。使用齒輪來降低轉速，進而達到增大轉矩目的，這種機械稱為**減速機**，在使用小型馬達驅動大型物品時，具有重要的功能。

齒輪除了變速和使轉矩變化的功能之外，還可以**改變旋轉軸的方向**。馬達上裝置著具有各種功能的齒輪，稱為**齒輪箱**（Gear Box）。還有，也可以改變驅動馬達的電壓或頻率而控制轉速，這樣的馬達在不使用齒輪改變轉速的情況下，也能直接驅動負載，故又稱為 **DD**（直接驅動）馬達。

| 用語解說 | 國際單位系統：在國際間推行的度量衡標準，簡稱 SI 單位，這是 1960 年國際權度大會中所決定的單位制度。

齒輪的功能

變速機

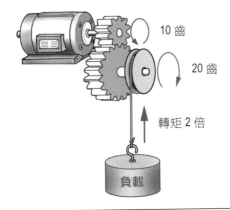

10 齒

20 齒

轉矩 2 倍

負載

馬達的輸出，會因為不同
的齒輪組合，可以使轉矩
變大或速度變快。

蝸線傘齒輪

齒條齒輪

蝸桿蝸輪

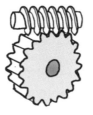

蝸線齒輪

CHECK
POINT

●持續用最大轉矩的轉速，會使馬達的效率變成最高。
●齒輪箱是將具有改變轉速、轉矩、轉軸方向的不同功
　能齒輪，裝設在一起的裝置。

11 馬達的輸出＝輸入－損失

　　馬達是一種將電能（電力）轉換成機械能的裝置。此時的電能稱為「輸入（輸入電力）」，最終得到的機械能稱為「輸出（機械能輸出）」（也可指單位時間所作的功）。

　　輸出（符號 P，單位 W、瓦特）以轉矩（符號 T，單位 N・m）和每 1 分鐘的轉速（符號 N，單位min^{-1}）的關係式「P ＝ 0.1047 × T × N」來表示。

　　相對於輸入的輸出比，稱為「**效率**（輸出 ÷ 輸入）× 100，（符號η，單位%）」。若輸入全部轉換為輸出，效率為100%。但是實際上不可能達到 100%。因為馬達運轉時一定會發生熱散逸到空氣中，此熱即為「**損失**」。

◎損失也是馬達的重要評估項目

　　損失有電線的損失、鐵心的損失、摩擦導致的機械損失，分別稱為「銅損」「鐵損」「機械損」。這些損失累積的結果，導致馬達的實際效率會降低到50%，最高也只能達到90%。

　　因為幾乎所有的機械動力皆是由馬達所提供，馬達若產生大的損失，電力便被無謂地消耗掉，不管是從成本或環境來看，都是人們不希望的。馬達消耗的電力實在是占了非常大的比例，例如日本的馬達占全部消耗電力的 50%以上。

　　再者從節約能源或保護地球環境的觀點來看，提升馬達的效率也是很重要的問題。不只轉速或轉矩，效率也是評估馬達性能的重點之一。這意味著，效率好的馬達即是較優良的馬達。

用語解說 　**轉換**：物質所有的能量，傳達給其他物質，而改變其他物質的狀態。例如，蒸氣能變成動能。

馬達的輸出

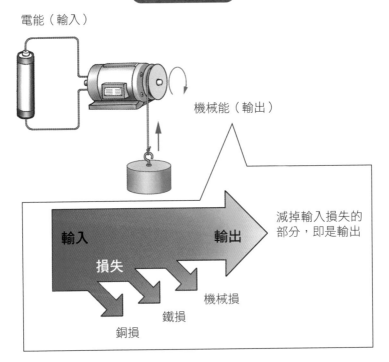

電能（輸入）

機械能（輸出）

減掉輸入損失的
部分，即是輸出

輸入　　　　**輸出**

損失

機械損

鐵損

銅損

輸出 P ＝ 0.1047 × 轉矩 T × 轉速 N

效率＝輸出 ÷ 輸入 × 100%

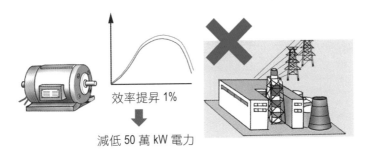

效率提昇 1%

↓

減低 50 萬 kW 電力

CHECK POINT
●馬達消耗的電能稱為輸入，最終得到的機械能稱為輸出。
●損失有：電線的損失、鐵心的損失、摩擦導致的機械損失。

電氣製品分成直流用或交流用，除了少部份的例外，一般不可以同時使用交直流兩種電力。馬達基本上也是可以分為直流電和交流電兩種。

最初實用化的為**直流馬達**（DC馬達），它在19世紀的前半被開發出來。科學家將產生磁場的磁鐵（場磁鐵）和旋轉的轉子，利用機械方式轉換磁場和轉子的 N 極和 S 極，來產生旋轉力。極性的轉換則有使用整流子和電刷的形式，和不使用的形式。前者有使用永久磁鐵的「永磁式有刷馬達」和「無心馬達」，和使用電磁鐵的「串激式馬達」「複激式馬達」「並激式馬達」做一個區別。

不使用整流子和電刷者，而使用電子的整流迴路切換電流方向的「無刷馬達」「步進馬達」（也稱為「步行馬達」「脈波馬達*」）。一般的直流馬達經常使用在電車或電梯等，經常有必要調整速度的系統中。

◎各式各樣的交流馬達

交流馬達（AC馬達）為19世紀後半所開發出來的馬達，它的結構是，當轉子周圍的線圈有交流電流通時，可以產生旋轉磁場，而使轉子被磁場吸引的旋轉結構。

發生感應磁場（Induction）的轉子，會產生動作，故又稱為「感應馬達（Induction Motor）」。

交流馬達依電源不同，可以分為「三相馬達」和「單相馬達」。三相馬達可以分為「鼠籠型」和「繞線型」，單相馬達則有「蔽極線圈型」等。還有用電流頻率改變轉速的「同步馬達（Synchronous Motor）」，或產生線性（linear）運動的「線性馬達」等。

*審訂註：近年來已經絕少聽到此種稱呼。

用語解說　直流電流・交流電流：直流電為大小及方向固定的電流，交流電為在短時間內，方向會變化的電流。

馬達的分類

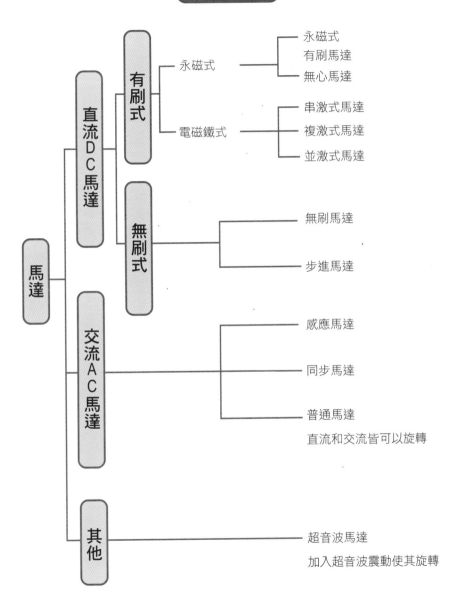

```
馬達 ─┬─ 直流DC馬達 ─┬─ 有刷式 ─┬─ 永磁式 ─┬─ 永磁式
      │               │           │           ├─ 有刷馬達
      │               │           │           └─ 無心馬達
      │               │           │
      │               │           └─ 電磁鐵式 ─┬─ 串激式馬達
      │               │                         ├─ 複激式馬達
      │               │                         └─ 並激式馬達
      │               │
      │               └─ 無刷式 ─┬─ 無刷馬達
      │                           └─ 步進馬達
      │
      ├─ 交流AC馬達 ─┬─ 感應馬達
      │               ├─ 同步馬達
      │               └─ 普通馬達
      │                   直流和交流皆可以旋轉
      │
      └─ 其他 ─── 超音波馬達
                  加入超音波震動使其旋轉
```

CHECK POINT

●直流馬達是利用機械方式，來切換轉子的N極和S極，產生旋轉力。
●交流馬達是藉由將電流流通於轉子周圍的線圈上，以產生旋轉磁場，轉子受磁場的吸引而轉動。

13 各種不同輸出方式的馬達

馬達可分為「超小型馬達」「小型馬達」「中型馬達」「大型馬達」，這並不是根據馬達的大小，而是以輸出大小來區分的。正常而言，超小型馬達會偏小，大型馬達會偏大。

「型」和「形」哪一個寫法才是正確的呢？日本電氣學會統一表示馬達的大小時是使用「形」。但是一般新聞報導等表示外觀上的大小是使用「形」，表示型式時使用「型」。如上面所述，因為馬達不是用大小而是用輸出的型式來區別。故新聞上使用的「型」應該是較正確的。但是使用「形」也不會是錯的。

◎數十萬 kW 的超大馬達

事實上區分小型、中型、大型的標準是沒有很明確定義的。一般以輸出 3W 以下為超小型馬達（微型馬達），3W～100W 左右則為小型馬達，100W～數 kW（千 W）左右為中型馬達，以上為大型馬達。

實際使用上的例子：遙控玩具、手機等移動式通訊機器，香煙或飲料等自動販賣機、醫療器材、數位相機或手機、個人電腦的周邊機器等使用的，是超小型馬達或小型馬達，是現今馬達生產數量最多的。

另一方面，大樓中裝設的電梯或自動門，及電車、船、吊車等使用的，是中型馬達或大型馬達（也有很多是使用小型馬達）。例如，普通電車使用的馬達為 100kW 以上。還有發電廠具有數十萬 kW 發電能力的發電機。水力發電機也如之前所說過的，可以當成馬達使用，所以也是有數十萬 kW 的巨大輸出馬達。

用語解說 日本電氣學會：1888 年創設，是由學者、技術者所組成的會員組織，屬於學術法人機構，會址在日本東京千代田區。

各種不同輸出的馬達和用途

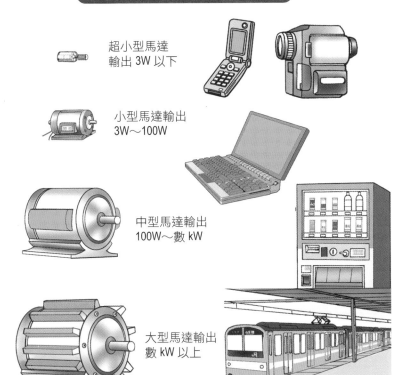

超小型馬達
輸出 3W 以下

小型馬達輸出
3W～100W

中型馬達輸出
100W～數 kW

大型馬達輸出
數 kW 以上

水力發電廠

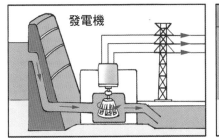

發電機

馬達

白天為發電機，晚上卻作為馬達來使用。

CHECK
POINT

●馬達有超小型馬達、小型馬達、中型馬達、大型馬達。
●輸出 3W 以下為超小型馬達，3～100W 為小型馬達，100～數 kW 為中型馬達，以上為大型馬達。

「モータ」和「モーター」兩個寫法皆正確

日文的馬達可以用「モータ」和「モーター」來表示。一般在報章書籍上是使用「モーター」。

事實上，這個寫法跟「形」和「型」同樣地沒有辦法明確區分孰是孰非。學術論文一般使用的是「モータ」，普通的書籍或教科書等幾乎都是使用「モーター」。因此可說，理工科的人多使用「モータ」，文科的人多使用「モーター」。

◎日本電氣學會用「モータ」

會使用不同字的原因在於歷史背景的影響。推薦「モータ」寫法的是日本電氣學會。電氣學會的歷史悠久，是 1888 年（明治 21 年）所設立的學術法人，首任會長是幕末的幕臣──榎本武揚（電氣學會創設當時為通信省，現在總務省的大臣）。現在日本電氣的領域裡是最有權威的團體。

日本電氣學會綜合國際規格的整合性，及電氣工學的學術用語、歷史的習慣等各方面，企圖將用語統一、標準化，因此統一用「モータ」也是源於這個原因。由於有數萬個研究人員加入電氣學會，和電氣有關聯的研究者幾乎都是使用「モータ」。

第3章

直流馬達的種類和特性

　　我們經常使用的馬達，大致分為直流馬達和交流馬達。本章將為您介紹具有起動轉矩大、轉速控制簡單、便宜等優點的直流馬達的構造及種類。

1 使用永久磁鐵的直流馬達種類

具有整流子及電刷的直流馬達（DC Motor），分為有使用永久磁鐵的，和沒有使用永久磁鐵的兩種。

使用永久磁鐵的直流馬達稱為「永磁式有刷馬達」。這種具有起動轉矩大、以及可以隨著直流電的電壓改變比例，可簡單轉變其轉速、價格低廉等優點。

但是，因為必須在電刷和整流子接觸狀況下，馬達才能旋轉，電刷會因此而磨損，在使用數千小時後必須更換電刷。還有，旋轉中有可能會有火花飛散出去，故不可以在有揮發性易燃氣體環境中使用。飛散出去的火花也是雜訊的原因之一，因此，火花也有可能影響到無線機器或精密的量測儀器等。

◎反應性高的無心馬達

永磁式有刷馬達，依據轉子的形狀可以區分為：有溝槽的**有槽（Slot）式**、無溝槽的**無槽（Slotless）式**、無鐵心的**無心式**（一般稱為「無心馬達」）三種。所謂的「有槽」是指轉子有可以纏繞線圈的溝槽，依據不同的溝槽數量或形狀、線圈的繞線法等，可以製作出特性不同的馬達。

無槽形則如字面上的意思，即是沒有溝槽，直接在圓柱狀的轉子鐵心上纏繞線圈後，再用環氧樹脂等固定的馬達。這樣的做法使得磁束不會混亂，轉矩不均勻的情況也會變少。另外，線圈數量可以增加，也是無槽式的優點之一。

另一方面，不使用鐵心、而使用環氧樹脂等，來固定繞線，使轉子成為杯型（cup）線圈，為無心馬達。雖然沒有鐵心會使線圈的磁束密度下降、轉矩變低，但值得稱讚的是，由於慣性負載也降低，而有極高的反應性。

用語解說　　環氧（Epoxy）樹脂：化學鍵的末端有 2 個以上具有反應性的環氧基，環氧基的開環會因重合而硬化，為熱硬化性樹脂。

直流馬達的特性

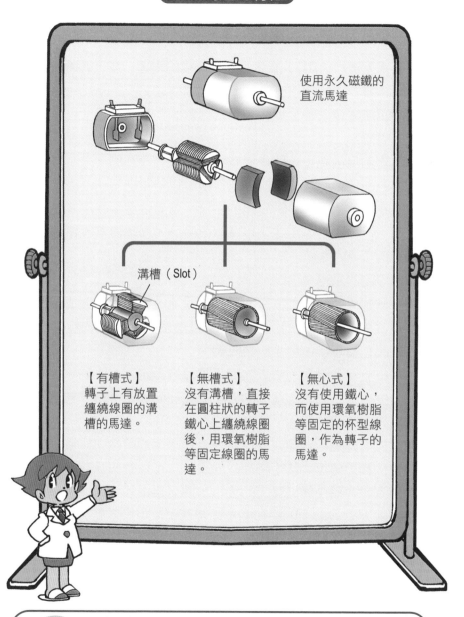

使用永久磁鐵的
直流馬達

溝槽（Slot）

【有槽式】
轉子上有放置
纏繞線圈的溝
槽的馬達。

【無槽式】
沒有溝槽，直接
在圓柱狀的轉子
鐵心上纏繞線圈
後，用環氧樹脂
等固定線圈的馬
達。

【無心式】
沒有使用鐵心，
而使用環氧樹脂
等固定的杯型線
圈，作為轉子的
馬達。

CHECK POINT
●有整流子及電刷的直流馬達，分別有使用永久磁鐵和
不使用永久磁鐵兩大類。
●使用永久磁鐵的直流馬達具有起動轉矩大、可隨著直
流電的電壓變化，而呈比例變化其轉速。

2　有槽式直流馬達的特性

　　有槽型直流（DC）馬達「附有溝槽的馬達」或「有溝鐵心馬達」，本書為了方便以有槽式 DC 馬達稱之）」是基於弗來明定則的最正統馬達，最接近我們平常印象的「直流馬達」也是這種有槽式馬達。

　　本書到目前為止，即是以有槽式直流馬達為例，來為各位說明馬達的結構。有槽式直流馬達從很早以前就被當作是產業用的 DC 馬達，現在更是 DC 馬達的主流，廣泛地運用在產業用途、民生用途上。主要應用在玩具或家電製品、事務機器、電腦週邊機器、數位 AV 機器、汽車等，是用途極為廣泛的馬達。

◎容易控制的馬達

　　有槽式馬達的一個很大的特性為**電流、電壓和轉速成正比**。電壓變高的話，馬達的旋會變快；電壓變低，馬達的旋轉會變慢。原因在於定子使用了永久磁鐵。

　　「由於永久磁鐵的磁束強度經常保持固定」→「因此，電磁力的強度依據線圈流通電流的大小或強度而決定」→「結果，電流、電壓和轉速成正比」。

　　此外，**轉矩和轉速成反比**也是這種馬達的特性。「電流─轉矩特性」和「轉速─轉矩特性」的關係，可以畫出漂亮的直線。

　　這意味著**藉由調節電流的大小，將可自由設定轉速，還可設定轉矩的大小**。這也正是有槽式直流馬達會在眾多馬達中被稱為「容易控制的馬達」的原因。

66　**用語解說**　　正比：2 個變數 x、y。當 y ＝ ax（a 為非 0 的常數，即比例常數）關係式成立時，稱為 y 和 x 成比例。

有槽式直流馬達的特性

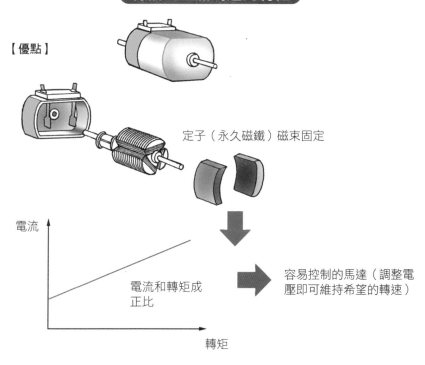

【優點】

定子（永久磁鐵）磁束固定

電流

電流和轉矩成
正比

轉矩

容易控制的馬達（調整電
壓即可維持希望的轉速）

【缺點】
1 因為整流子和電刷兩相接觸會發生噪音、磨損。
2 因為有鐵心較重，慣性力矩大。
3 溝槽較少，會發生所謂頓轉（Cogging）抵抗。

摩擦聲　　　　　　　笨重　　　　　　　頓轉

CHECK
POINT

●有槽型馬達很早就做為產業用馬達，現在更是直流馬
　達的主流而被廣泛地使用。
●有槽直流馬達的特性為電流、電壓和轉速成正比，而
　轉矩和轉速則成反比。

3 有槽式直流馬達的結構

　　在有槽式直流馬達溝槽中埋入線圈（溝槽中埋入的線圈稱為「繞組線圈」）可以當做轉子。但要使此轉子旋轉，實際上，最少需要 3 個溝槽。

　　溝槽數為影響馬達性能的重要條件，若溝槽數少，也就是鐵心極數少的時候，在不同的旋轉位置，轉矩會出現脈動（Pulse）或頓轉（cogging）的不均勻情況。因此，在需要流暢旋轉的情況下，應該要使用溝槽數較多的馬達。一般將溝槽數設定為 3 的倍數，已知有人在開發 30 個以上多溝槽轉子的馬達。

　　在此種多溝槽數的馬達中，通常是將線圈以斜繞狀繞線。這種繞線法稱為「重疊繞線」。使溝槽相對於旋轉軸為傾斜（稱為「斜溝」或「歪斜（Skew）」）也是減少轉矩不均勻的方式之一。

◎定子為永久磁鐵

　　另一方面，定子使用永久磁鐵，其優點不只是可以提高旋轉特性。若使用電磁鐵，必須在磁鐵上纏繞線圈，這會多佔很多空間，而且為了激磁也必須要使用電力。若使用永久磁鐵，空間和所消費的電力皆可受到控制。除此之外，還有反應性高、輸出效率高、價格比較便宜等優點。

　　但相反的，其缺點除了和有電刷直流馬達相同的噪音和磨損外，還有：①因為有鐵心，重量較重，慣性力矩變大；②當溝槽數較少時，在低轉速時會發生頓轉的抵抗現象。還好這些缺點可以增加溝槽數、改變鐵心形狀等方面下工夫而得到解決。

用語解說　**頓轉**：馬達內的轉子和磁鐵之間會產生磁力，旋轉時會引起抵抗。當用手指旋轉馬達的軸（Shaft）時，會感覺到有斷續不順暢抵抗的情況。

有槽式直流馬達的結構

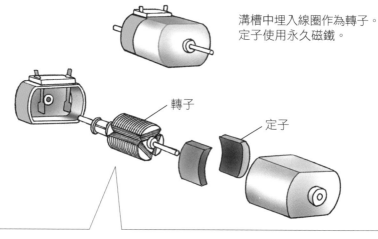

溝槽中埋入線圈作為轉子。
定子使用永久磁鐵。

轉子

定子

要使轉子旋轉，最
少需要 3 個溝槽。

心子（鐵心）

線圈

溝槽

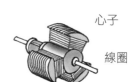

心子

線圈

3 槽轉子

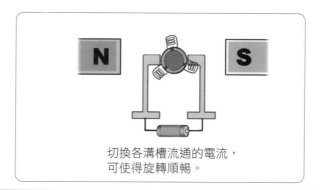

切換各溝槽流通的電流，
可使得旋轉順暢。

CHECK
POINT

●在有槽式直流馬達溝槽中埋入線圈作為轉子。
●需要流暢旋轉的情況下，開發出溝槽數較多的馬達。

4 無轉矩不均勻的
無槽式直流馬達

　　在永鐵式有刷直流馬達之中，轉子的鐵心沒有溝槽的馬達，稱為「**無槽式直流馬達**（又稱為「平滑鐵心馬達」，本書以無槽式直流馬達稱之）」。其動作原理和有槽式直流馬達相同，所不同的只是溝槽的存在有無而已。

　　如前面所敘述過的，有槽式的缺點為容易引起脈動，而無槽式則可以防止有槽式因溝槽而引起的構造障礙。無槽式的轉子鐵心，是沒有凹凸的圓柱狀（因為沒有溝槽，形狀理所當然如此），通常在此圓柱（鐵心）的表面直接纏繞線圈，然後用環氧樹脂固定。

　　有槽式的頓轉問題，特別容易在低旋轉時發生。相反的，無槽式則適合於必須低速旋轉的機器。還具有一個優點，就是可以從低轉速的旋轉，順利轉換為高轉速。

　　另外，有槽式在切換線圈的電流方向時，會發生電力機械方面的雜音，也是噪音的原因，無槽式在構造上就不需要擔心這方面的問題。另外，以尺寸的觀點來看，有槽式在溝槽部份會形成較大的鐵心。而無槽式則可以符合較小型、輕量化的需求。

◎缺點是磁束密度低

　　任何東西不會單單只有優點而沒有缺點。無槽式馬達也一樣，缺點是它比有槽式磁束密度較低。事實上，在歷史上先出現的是無槽式，而為了提高磁束密度（為了提高馬達的輸出）才研究開發出有槽式。

　　無論如何，這並不是說，有槽式就比較優秀。因為現在的機器漸漸往輕薄短小化研發，使得馬達受到的負載也降低，故也有輸出較弱的馬達得以充分發揮的地方。

用語解說　脈動：古時稱為脈搏的運動（搏動）。現在廣泛被使用為，指如脈搏的周期性運動。

有槽式直流馬達的結構和特性

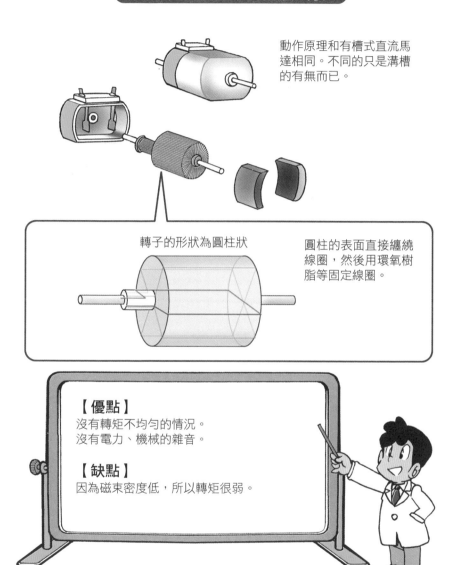

動作原理和有槽式直流馬達相同。不同的只是溝槽的有無而已。

轉子的形狀為圓柱狀

圓柱的表面直接纏繞線圈,然後用環氧樹脂等固定線圈。

【優點】
沒有轉矩不均勻的情況。
沒有電力、機械的雜音。

【缺點】
因為磁束密度低,所以轉矩很弱。

CHECK POINT

●無槽式適合需要低轉速的機器,另外,無槽式馬達可以順暢從低轉速變化至高轉速旋轉。
●無槽式具有比有槽式較低磁束密度的缺點。

5 無鐵心式無心直流馬達

　　幾乎所有直流馬達的轉子都是使用鐵心。鐵心的材料最常用的是電磁鋼板，當改變電流方向時，也容易磁力反轉。

　　另一方面，不使用鐵心，而以環氧樹脂直接將繞線固定的杯狀線圈，當作轉子的是「**無心（Coreless ＝沒有鐵心）直流馬達**」。無心直流馬達也稱為「無心馬達」「移動線圈形馬達（Moving Coil Motor）」「無鐵心電動機」「無鐵馬達（Ironless Motor）」「外轉子（Outer Rotor）式電動機」等。

　　通常，在馬達中加入鐵心，線圈的磁束密度會因此而提高，轉矩也會變高。但是，從重量也會增加這一點來看，則具有慣性負載變大、輸出效率下降（最近，低鐵損、品質安定的電磁鋼板也漸漸多有），以及起動、停止重複操作困難等缺點。

◎適用於小型精密機器的無心直流馬達

　　從上述缺點來看，沒有鐵心的無心直流馬達，其慣性負載較低，這一點來看具有以下特性：①良好的反應特性，②損失少、效率高（一般無心直流馬達以效率在 90%左右聞名），③旋轉很順暢，④容易小型化，⑤適用於控制轉速或旋轉位置等控制馬達。但是，因為沒有鐵心，使得線圈部份的磁束密度下降，因此除了轉矩會變低之外，還有線圈的製造價格會增高，以及當馬達更驅小型化、高性能化時，需要用稀土磁鐵等高價磁鐵等缺點。

　　有鐵心的馬達和沒有鐵心的馬達，各有其優缺點，用途也大不相同。無心馬達經常使用在手機的振動馬達，精密度要求較高的機器等。

用語解說　慣性：當沒有受到外力作用的物體，一開始為靜止狀態，將持續保持靜止，若是一開始就有速度，則將持續保持該速度作等速度運動。此性質稱為慣性。

無心直流馬達的結構和特性

此為一般的無心馬達。擔任轉子角色的，是裝置在轉軸中（包括整流子和電刷）的杯狀線圈。此杯狀線圈包住產生磁場的永久磁鐵，外部還有外罩包覆此杯狀的線圈。

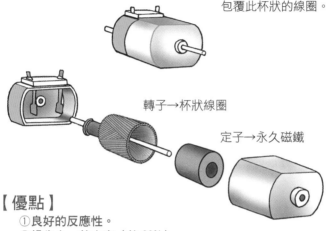

轉子→杯狀線圈

定子→永久磁鐵

【優點】
①良好的反應性。
②損失少、效率高（約 90%）。
③旋轉很滑順。
④容易小型化。
⑤可以控制轉速和旋轉位置等。

多用於手機震動馬達等
高精密機器

【缺點】
①**轉矩較小。**
②**線圈的製造價格較高。**
③**為了達到小型化要求，必須使用高價的稀土類磁鐵。**

CHECK POINT
●轉子不使用鐵心，繞線是用環氧樹脂等固定的杯狀線圈來當作轉子的，即為無心直流馬達。
●有反應性良好、效率高、旋轉順暢、容易小型化等多種特性。

6 杯型、平面型無心馬達的結構和用途

　　無心馬達中，杯狀線圈內側裝設有永久磁鐵的，稱為「**內磁鐵式無心直流馬達**」。因為磁鐵被收進線圈之中，因此具有容易小型化的極大優點。現在很多的無心馬達皆採用這種內部磁鐵式。

　　另一方面，也有永久磁鐵裝設在線圈外側的「**外磁鐵式無心直流馬達**」。此種型式具有可以加大磁鐵、提高磁束密度的優點。

◎可製成薄型馬達

　　線圈不是只有杯狀的，也有圓盤狀的。前者稱為「**杯型無心直流馬達**」，後者稱為「**平面型無心直流馬達**」或「**磁碟型無心直流馬達**」。平面型因為其類似印刷基板（在絕緣材料表面上，以導電性材料做成，黏著電氣回路的板狀或底片狀的零件）故也稱為「印刷馬達」。一般的馬達形狀在旋轉軸方向較長，而平面型無心直流馬達可在轉軸方向製作成平的馬達，在空間的利用效率上將非常有利。

　　平面型的構造，是在線圈外側裝設永久磁鐵，即所謂外磁鐵式。線圈和磁鐵均為平面，因為間隙（Gap）很狹窄，因此屬於高效率馬達。另外，因為將線圈加寬，電流也會變大，所以也可以製作成高轉矩馬達。

　　無心馬達為低轉矩的馬達，反應性良好，輸出效率也高，因此廣泛使用在需要重複起動、停止和逆轉等動作的馬達。

　　杯型馬達大多是用來製造直徑縮小的超小型馬達，而平面型大多作為超薄型馬達來使用。

用語解說　　導電性材料：為了使電流傳導到特定位置而使用的材料。因為電流必須儘可能以最小損失來傳導，故材料的電抗率小為其第一要求。

杯型、平面型無心馬達的結構和用途

杯型無心直流馬達
　依據永久磁鐵的位置，可以分為內磁鐵型和外磁鐵型

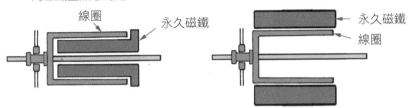

內磁鐵型無心馬達　　　　　　　　外磁鐵型無心馬達

線圈　　　永久磁鐵　　　　　　　永久磁鐵
　　　　　　　　　　　　　　　　線圈

平面型無心直流馬達
　類似印刷基板，也稱為「印刷馬達」

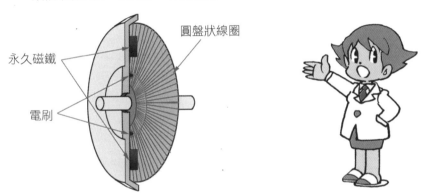

圓盤狀線圈

永久磁鐵

電刷

【杯型無心直流馬達主要用途】
・電腦週邊機器　・數位相機　・不鏽鋼機殼相機
・微型卡帶　・半導體製造裝置　・液晶製造裝置　・自動焊接機
・醫療機器　・電動腳踏車　・汽車　・手錶　・手機
・家庭用遊戲機　・模型

【平面型無心直流馬達的主要用途】
・電腦週邊機器　・錄放影機的卡匣　・各種工作母機
・事務用機器　・產業用機器手臂

CHECK POINT
●在杯狀線圈的內部裝設永久磁鐵的無心馬達，稱為「內磁鐵型無心直流馬達」。
●永久磁鐵裝設在線圈外側的「外磁鐵型無心直流馬達」可用加大磁鐵來提高磁束密度。

定子使用電磁鐵的繞組磁場直流馬達

　　具有整流子和電刷的直流馬達，其中有使用電磁鐵做為定子的型式。此種馬達稱為「**線圈磁鐵式（附電刷）直流馬達**」。

　　線圈磁場形（附電刷）直流馬達，根據製作電磁鐵的線圈的方式，可以分為「串激式馬達（series-wound motor）」「並激式馬達（shunt-wound motor）」「複激式馬達（compound motor）」三種。這三種馬達是因為轉子的線圈產生的起動電力，使得場磁鐵電流流通，故又稱為「自激式馬達」。

◎線圈（繞組）的型式不同，馬達性質亦有差異

　　串激式馬達（series-wound motor）為轉子線圈和定子的場磁鐵線圈串聯的馬達。串激式馬達（series-wound motor）具有因馬達所承受負載不同，其轉速也會隨著變化的特性。詳細容後再述（以下相同）。

　　並激式馬達（shunt-wound motor）和串激式馬達（series-wound motor）不同，並激式馬達（shunt-wound motor）為轉子線圈和定子的磁場線圈並聯的馬達。即使並激式馬達（shunt-wound motor）所承受的負載發生變化，轉速也不會改變。

　　複激式馬達（compound motor）有兩個定子線圈，一個和轉子線圈串聯，另一個和轉子線圈並聯。複激式馬達（compound motor）有兩個定子線圈的磁束作用，可以形成互相加成的「和動複激式馬達」以及兩個定子線圈的作用會互相抵消的「差動複激式馬達」兩種。一般多使用和動複激式馬達。

用語解說　**場磁鐵**：在發電機或電動機中的零件，目的作為產生動作所必要的磁束（進入電樞的磁束）。

繞阻磁場直流馬達的種類

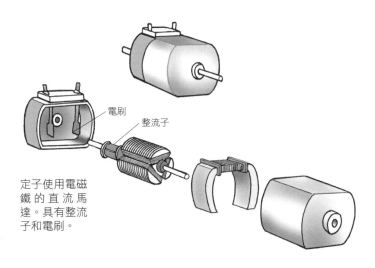

電刷

整流子

定子使用電磁
鐵 的 直 流 馬
達。具有整流
子和電刷。

【串激式馬達】　　　【並激式馬達】　　　【複激式馬達】

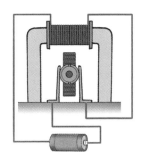 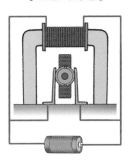 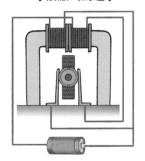

轉子線圈和定子的
場磁鐵線圈串聯

轉子線圈和定子的
場磁鐵線圈並聯

利用兩個定子線圈
的磁束

●繞阻磁場直流馬達，依據電磁鐵線圈的使用方法不同可
以分成串激式馬達、並激式馬達、複激式馬達三種。
●繞阻磁場直流馬達，若線圈的型式不同，性質也會不
同。

8 轉子和定子線圈串聯的串激式馬達

　　串激式馬達是轉子線圈和定子場磁鐵線圈串聯的馬達，通電時，兩種線圈具有相等的電流。

　　串激式馬達有以下特性：①產生的轉矩會和轉子線圈的流通電流，和定子的場磁鐵線圈所流通電流的乘積成比例；②容易得到大的起動轉矩；③負載電流（定速運轉時的電流值）低時有高轉速，負載電流高時轉速會變低；④轉速高時轉矩低，轉速低時轉矩變高；⑤速度控制容易；⑥**直流電流和交流電流皆可運轉**。

　　如①所述，因為**負載電流的增減會使轉速改變**，所以，串激式馬達有時被稱為「變速馬達」。如⑥所述，因為可以直流、交流兩用，有時也被稱為「通用馬達（請參照 122 頁）」。分別考慮使用直流的情況和使用交流的情況時，使用直流時稱為**串激式馬達**，使用交流時稱為**通用馬達**。

◎無負載運轉為其危險之處

　　另一方面，它們也有構造上的缺點。這並不是只有串激式馬達才有的缺點，而是由於電刷和整流子經常的接觸而造成，因此：①使用一定時間後，必須更換電刷；②整流子和電刷之間會發生電磁雜訊等缺點。

　　還有，這種馬達在運轉上的注意事項為，在額定電壓動作時一定不可以無負載。一旦沒有負載，旋轉會變得非常地快速，如此一來，不只是馬達本體，機器也會有損傷的危險性。

　　串激式馬達主要用途在電動車或電氣火車頭等，此外還有電鑽或電鋸等電動工具，家用吸塵器或果汁機等。

用語解說　負載：對機械裝置而言，對驅動側具有抵抗作用的被驅動側，稱為負載。

串激式馬達的特性

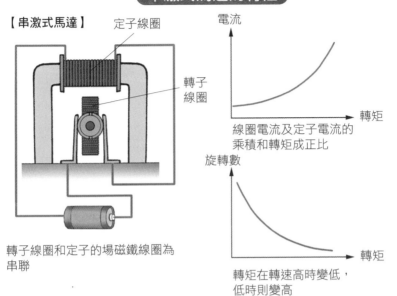

【串激式馬達】　定子線圈

轉子線圈

轉子線圈和定子的場磁鐵線圈為串聯

電流

轉矩

線圈電流及定子電流的乘積和轉矩成正比

旋轉數

轉矩

轉矩在轉速高時變低，低時則變高

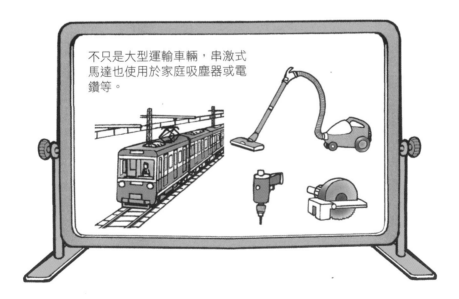

不只是大型運輸車輛，串激式馬達也使用於家庭吸塵器或電鑽等。

CHECK POINT

●串激式馬達具有容易得到大的起動轉矩、速度控制容易、直流電流和交流電流皆可以運轉等特性。
●在動作中設定為無負載，旋轉速度會變快，不只是馬達本體，使用中的機器也會有損傷的危險。

9 轉子和定子線圈並聯的並激式馬達

　　並激式馬達是轉子線圈和定子場磁鐵線圈並聯的馬達。兩個線圈並聯因而稱為並激式，此為語詞的來源。馬達旋轉的結構基本上與串激式馬達相同。

　　只是，並激式馬達和串激式馬達的不同點在於，因為負載電流而產生的不同速度變化。因為**並激式馬達是即使負載電流變化，速度的變化也很少**，所以，從以前開始即被當作「定速馬達」而有廣泛的使用。另一方面，**串激式馬達會因為負載電流的增減而改變轉速**，因此用作為「變速馬達」。

　　並激式馬達的特性為：上述的①即使變化負載電流，速度變化也很少的特性之外，還有：②優良的定旋轉特性、控制容易；③利用調節激磁電流，來變化轉速（加大電流，轉速變低）等。「轉數－轉矩特性」和「電流－轉矩特性」的關係，幾乎可以繪成直線，是容易控制的馬達之一。

◎逐漸被交流馬達所取式

　　並激式馬達在使用上必須注意的事項為，不可以使激磁電流為零。一旦失去激磁電流，旋轉將會變得非常快速，可能導致馬達本體或使用中的機器損壞。

　　還有，和串激式馬達相同，因為在使用一段時間後，電刷會磨損，因此在構造上具有必須更換的缺點。起動轉矩比串激式馬達小也是一個難題。

　　具體的用途為，除了堆高機或建築用機械等，還有電動汽車、無人操縱車等。

　　但因為並激式馬達所具有的特性，在其他的交流馬達上也都看得到，所以目前已慢慢地不被使用。

用語解說　串聯・並聯：多個電源或電燈泡，依序直接連接時稱為串聯，並列連接時稱為並聯。

並激式馬達的特性

【並激式馬達】

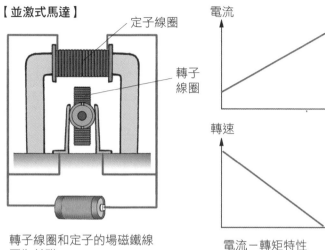

轉子線圈和定子的場磁鐵線圈為並聯

電流－轉矩特性
轉速－轉矩特性兩者階可畫成直線，是一種容易控制的馬達。

大型機械、電動車等使用

●並激式馬達即使在負載電流變化時，速度的變化也很小，因此被作為「定速馬達」而廣泛使用。
●並激式馬達若失去激磁電流，旋轉會變快，有導致馬達本體或機器損壞的危險。

81

　　與前面的串激式馬達或並激式馬達，相較之下，複激式馬達可以說是較特殊的馬達。

　　複激式馬達有兩個定子線圈，其中一個和轉子線圈串聯，另一個和轉子線圈並聯。剛好結合了串激式馬達和並激式馬達兩者的結構。

　　因此，此馬達同時擁有兩種馬達的特性。例如，即便在負載小的時候，也不會產生危險的高速旋轉（只要串激不要過大），就可以得到大於並激式馬達的起動轉矩，可說是彌補了串激式馬達和並激式馬達缺點的馬達。

　　這種複激式馬達中，具有可以加成前面兩種馬達，其中兩個定子線圈的磁束功能，即「**和動複激式馬達**」。另外則是可以抵消兩個定子線圈的磁束功能的「**差動複激式馬達**」。一般大多使用和動複激式馬達，因為差動複激式馬達的起動轉矩小，容易形成運轉不穩定的缺點，不常被使用。因此，一般大家說的複激式馬達，指的就是和動複激式馬達。

◎高單價為其瓶頸

　　兼具串激式馬達和並激式馬達特性的複激式馬達，雖然廣泛使用在吊車或電梯、工作母機等大型機械中，其他還有無人操縱車的驅動、遮斷機的開關、電動車的驅動等。但是難題在於，此種馬達構造複雜，而且價格比串激式馬達或並激式馬達更高。

　　而且，因為最近價格便宜又具有強磁力的永久磁鐵逐漸變多，屬於電磁鐵式的複激式馬達，其生產台數已逐漸減少。

用語解說　**工作母機**：將金屬等從素材或半素材的狀態，加工成具有需要的形狀、尺寸、精度及表面品質等元件的機械。

複激式馬達的特性

【複激式馬達】

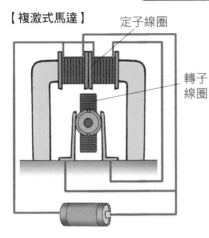

定子線圈

轉子線圈

具有兩個定子線圈，其中一個和轉子線圈串聯，另一個和轉子線圈並聯。

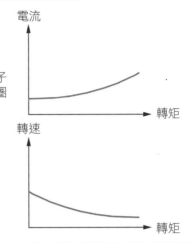

電流

轉矩

轉速

轉矩

結合串激式馬達和並激式馬達的構造，因此同時具有兩種馬達的特性。

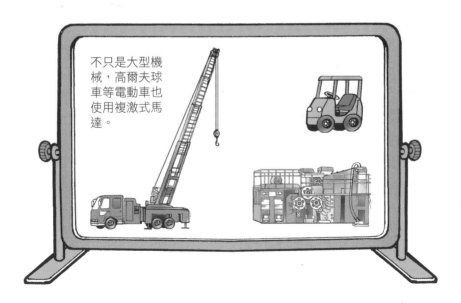

不只是大型機械，高爾夫球車等電動車也使用複激式馬達。

CHECK POINT

● 複激式馬達具有彌補串激式馬達和並激式馬達兩者缺點的馬達。
● 複激式馬達因為構造複雜，價格比串激式馬達或並激式馬達更高，造成問題。

11 無電刷和整流子的
無刷直流馬達

　　說到具代表性的小型直流馬達，當屬具備機械式整流回路的「有刷直流馬達」。如同到目前為止所說明的，有刷直流馬達中內藏電力供給用的電刷和整流子，主要功用便是切換線圈中流通電流的方向。

　　這種馬達，作為控制用馬達是相當的優秀，但是卻因為整流子和電刷有接觸，會導致摩擦熱、接觸面磨損等問題。另外，會發出機械的和電流雜音也是其一大缺點。為了解決這些缺點，於是進一步開發出「無刷直流馬達（簡稱無刷 DC 馬達）」。

◎高性能且壽命長

　　無刷直流馬達，正如其名，是沒有整流子及電刷的直流馬達。取代整流子和電刷的，是可以用來切換電流方向（整流）的半導體（磁場感應器和電子回路）。若就整流這個名詞而言，可以說**有刷直流馬達是機械式的整流回路，而無刷直流馬達是電子式的整流迴路**。

　　以前，在馬達上設置電子回路，經常會提高成本，近來由於電子零件的價格下降，解決了價格上的問題，這也是致使無刷直流馬達普及的推手。

　　無刷直流馬達因為沒有整流子及電刷，具有以下優點：①壽命長，②重量輕，③機械及電氣雜音幾近於零，④噪音小，⑤速度控制性高等。所以在要求產品壽命長的產業用馬達或民生用馬達方面，廣泛地被採用，除了影印機等OA機器、AV機器、個人電腦週邊機器之外，也使用於大樓的自動門。

用語解說　整流回路：使用整流元件，將電力從交流轉換到直流的回路。

有刷直流馬達和無刷直流馬達的比較

有刷 DC 馬達

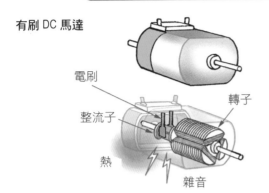

電刷

整流子

轉子

熱

雜音

電刷和整流子接觸產生摩擦熱、機械及電流雜音。

無刷 DC 馬達

使用電子回路來轉換電流方向，取代電刷和整流子。

轉子

無刷直流馬達因為沒有電刷及整流子，不會發生因機械接觸而產生的磨損、熱、雜音等。

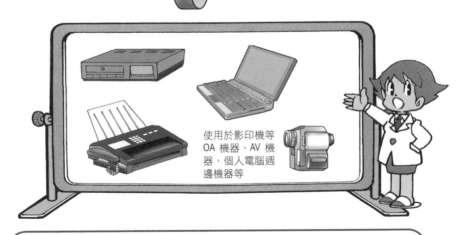

使用於影印機等 OA 機器、AV 機器、個人電腦週邊機器等

CHECK POINT
- 無刷直流馬達為沒有整流子及電刷的直流馬達。
- 具有壽命長、重量輕、機械及電流雜音幾近於零、噪音小等特性。

12 轉子配置永久磁鐵的無刷直流馬達

　　無刷直流馬達是將原本是機械式的整流裝置，更換為半導體式（磁場感應器和電子回路）整流裝置的馬達，因為這個改變，使得內部的構造也和有刷直流馬達有些許不同。**在定子上配置產生電磁力的線圈，轉子上配置永久磁鐵**，電磁鐵和永久磁鐵的配置位置和有刷馬達相反。**因為轉子使用永久磁鐵，所以可以去除整流子和電刷。**

　　構成轉子的永久磁鐵一般不是使用 2 價鐵，而是使用 4 價以上的鐵。然後再把線圈並排，形成包圍轉子的模樣。

　　線圈通常有 6 組。但是，這「6 組線圈」並非單獨運作，而是以「3 sets（3 組）的線圈」運作。線圈有 3 組，稱為「3 相」，而且設置了可以檢測轉子位置的磁場感應器和電子回路。磁場感應器中使用霍爾元件或霍爾 IC（集積回路）等（請參照 88 頁）。

　　這種無刷直流馬達的構造，和使用交流電源旋轉的 PM 型同步馬達（請參照 116 頁）相同。但是，因為交流馬達基本上並不需要電刷和整流子，故不刻意稱為無刷馬達。

◎電子回路為中心

　　旋轉的結構為「正相對的 2 個線圈創造磁場」→「和永久磁鐵相斥導致轉子開始旋轉」→「磁場感應器檢測出旋轉中的轉子位置後發送訊號」→「電子回路依序切換各相電流（此電流的切換稱為「轉流」）」→「轉子持續旋轉」。馬達整體的動作和電子回路有密切的關係，為其最大的特性。

| 用語解說 |　半導體：相對於如金屬導體，和玻璃或瓷器等絕緣體，有一群弱電傳導性的物質，會因為溫度或微量不純物的存在等因素，造成電的傳導性具有很大的變化。

無刷直流馬達的結構

永久磁鐵的轉子　　定子線圈

磁場感應器

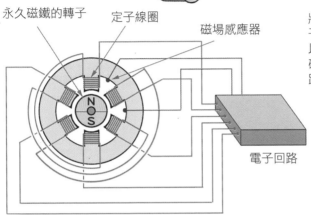

電子回路

將線圈並排成包圍轉子的模樣。也設置可以檢測出轉子位置的磁場感應器和電子回路。

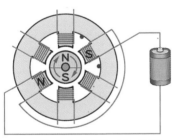

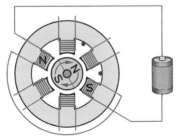

線圈產生磁場，以及永久磁鐵的相斥相吸效應，使轉子開始旋轉。接著，磁場感應器檢測出旋轉中的轉子位置後，發送訊號，電子回路依序切換各相電流。持續進行這些動作，轉子便可持續的旋轉。

CHECK POINT

●無刷直流馬達是將原本機械式整流裝置，更換為半導體式（磁場感應器和電子回路）的馬達。
●和有刷直流馬達相反，無刷直流馬達是在定子上配置產生電磁力的線圈，轉子則配置永久磁鐵。

磁場感應器是無刷直流馬達的重要元件

沒有電刷及整流子的無刷直流馬達，必須要有磁場感應器的運作。說到磁場感應器，在此加以解說。

感應器是讀取資訊或能量的裝置，其檢測對象為①長度、②位置、③聲音、④光、⑤顏色、⑥衝擊、⑦壓力、⑧溫度、⑨磁力等各式各樣的現象。不用多做解釋大家應該都知道，磁場感應器的作用即為檢測磁場能量的大小或方向變化，然後再將其轉換成電子訊號。

◎利用霍爾效應進行測量

磁場感應器依目的、用途不同，而有的各式各樣的種類，在無刷直流馬達中經常使用的是霍爾元件和霍爾 IC。

霍爾元件為應用所謂的「霍爾效應」磁場效應的磁場轉換元件。其功能為將磁鐵或電流創造的磁場，轉換成電子訊號輸出。而無刷直流馬達則可以根據量測磁場的變化，而捕捉到適當轉換電流方向的時機。

作為霍爾元件基礎的霍爾效應，是在流通著電流的固體，給予垂直的磁場時，電流和磁場的垂直相交方向，會產生電壓的現象。因為是美國的物理學者霍爾（Edwin Hall，1855～1938 年）在 1879 年發現的，故以霍爾效應來命名。

另一方面，所謂的**霍爾IC**為，將可以放大霍爾元件輸出訊號的放大器，和霍爾元件兩者形成一體化的磁場感應器。從價格面來看，霍爾IC 應該比霍爾元件高，是霍爾元件的進化板。除使用在無刷直流馬達之外，還有使用在折疊式手機的開關辨識上，用途很多。

用語解說 　放大器：用以增大電子訊號的電壓、電流等裝置，英文 Amplifier。

無刷直流馬達所不可或缺的「磁場感應器」

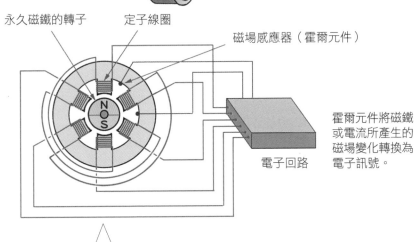

永久磁鐵的轉子　　定子線圈

磁場感應器（霍爾元件）

電子回路

霍爾元件將磁鐵或電流所產生的磁場變化轉換為電子訊號。

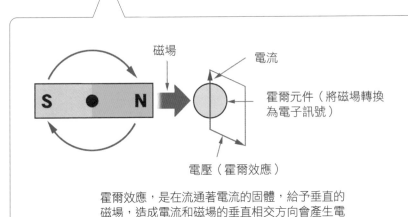

磁場

電流

霍爾元件（將磁場轉換為電子訊號）

電壓（霍爾效應）

霍爾效應，是在流通著電流的固體，給予垂直的磁場，造成電流和磁場的垂直相交方向會產生電壓的現象。

CHECK POINT

●在沒有電刷及整流子的無刷直流馬達上，必須要有磁場感應器的運作。
●無刷直流馬達中經常被使用的磁場感應器為，霍爾元件和霍爾 IC。

14 無刷直流馬達的種類

　　無刷直流馬達有各式各樣的分類方法。若以轉子的構造來區分，則有「內轉子式（也稱為內轉型）」和「外轉子式（也稱為外轉型）」兩種。更進一步的，若依據定子的線圈有否繞線在溝槽內來區分，則可以分為「有槽線圈式」和「無槽線圈式」。

　　內轉子式如其名，為轉子在定子內側旋轉的型式。具有：①因為轉子直徑小，慣性力矩小；②因為定子放置在外側所以散熱佳等優點。但也有：①依用途不同而必須將磁鐵小型化；②在構造上，線圈不容易繞線等缺點。

◎對應各種不同用途的無刷直流馬達

　　另一方面，**外轉子式**為轉子在定子外側旋轉的型式，剛好是內轉子式的相反型式，優點和缺點也與內部轉子形相反，缺點是：①因為轉子的直徑大，慣性力矩也比內轉子式大；②因為定子的位置在內側，散熱性比內轉子式差優點有：①不須要將磁鐵小型化，②在構造上，線圈較容易繞線等。

　　還有，另有屬於外轉子型的一種平面型無刷直流馬達。其轉子是由圓板狀的永久磁鐵構成，對應著定子的線圈而旋轉的薄型馬達。如筆記型電腦的 HDD 驅動馬達等，多使用於需要薄型化的情形中。另外，依平面型扼流線圈（Choke，和定子磁鐵共同構成場磁鐵的鐵件）的構造不同，可以區分為「固定扼流線圈型式」和「旋轉扼流線圈型」。

　　無刷直流馬達依不同用途，有各式各樣的種類，今後應該有更加廣泛的運用。

用語解說　HDD：電腦硬碟機的一部份，用以儲存資料或程式的記憶裝置。

各種無刷直流馬達

內轉子型

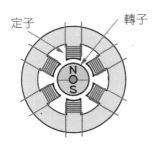

定子　　　　　　　轉子

特性
〈優點〉
①因為轉子的直徑小，慣性力矩也小。
②因為定子在外側，散熱性佳。

〈缺點〉
①轉子的磁鐵必須小型化。
②構造上線圈不容易繞線。

外轉子型

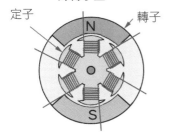

定子　　　　　　　轉子

特性
〈缺點〉
①因為轉子的直徑大，慣性力矩大。
②因為定子在內側，散熱性差。

〈優點〉
①轉子的磁鐵不須小型化。
②構造上線圈容易繞線。

平面型

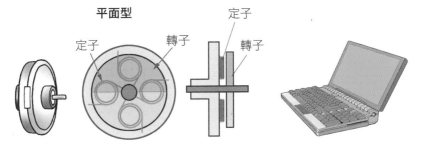

定子　　　轉子　　　定子　轉子

CHECK POINT

●無刷直流馬達若用轉子的構造來區分，有內轉子型和
外轉子型兩種。
●依據定子的線圈有否繞進溝槽內，可以區分為有槽線
圈式和無槽線圈式。

轉動既定角度即停止的
步進馬達

步進馬達為一種輸入一個脈波訊號（檢測旋轉數或速度等的感應器所發送電氣訊號）時，會發出聲響且只旋轉既定的角度（此角度稱為「步進角」）後，即停止並保持在該位置，屬於位置定位馬達。不妨聯想時鐘的秒針，應該就很容易理解，幾乎像是利用磁力的電子齒輪。

而且因為是對應脈波訊號而旋轉，又稱為「脈波馬達」。其他還有「步行馬達」或「步行者馬達」的稱呼。

◎準確行進固定的距離

步進馬達的一個很大特性為，**藉著脈波訊號的輸入數和頻率，而可以調整馬達的旋轉角度和旋轉速度**。而且，不用設置專用的位置檢測裝置（回饋控制回路）也可以控制馬達的動作（此一控制稱為**開回路（Open Loop）控制**）。還具有：①步進角愈小，位置定位精密度愈高；②配合數位控制回路性質；③沒有電刷及定子，也沒有機械接觸，具有壽命長等優點。

另一方面，缺點為①轉矩小、②振動大、③不適合高速運轉。特別是在負載過大、脈波訊號週期過短時，轉子的動作會混亂，容易引起不正常運動的「失步」。

步進馬達適合使用在個人電腦的印表機、傳真機送紙機構、數位相機的鏡頭驅動、汽車的里程計、馬桶溫控座、冷氣機百葉出口（出風口）等，多用於需在固定範圍做小刻度調整的各種機器上。

用語解說 **頻率**：運動或波動現象中，單位時間內重複相同狀態的次數，也稱為振動數。

步進馬達的特性

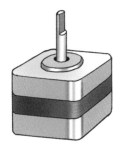

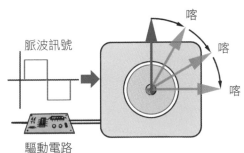

脈波訊號

喀

喀

喀

驅動電路

輸入一次脈波訊號時，會發出
聲響，且只旋轉既定的角度後
即停止，並保持在該位置，屬
於位置定位馬達。

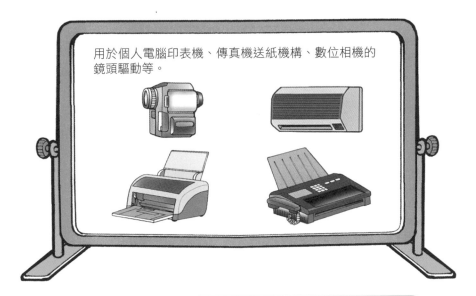

用於個人電腦印表機、傳真機送紙機構、數位相機的
鏡頭驅動等。

CHECK POINT
- 步進馬達具有藉著脈波訊號的輸入數和頻率，而可以
  調整馬達的旋轉角度和旋轉速度的優點。
- 缺點為，轉矩小、脈動大，不適合高速運轉等。

　　接下來將以「PM（永久磁鐵）式」的步進馬達（參照98頁）來說明步進馬達的構造和旋轉原理。

　　下一頁的圖為具有2組（4個）激磁線圈的「2相 PM 式步進馬達」。將4組線圈各標示為A相、B相、C相、D相。在中心的是轉子（PM 式是由永久磁鐵構成）。還有，此圖中無法看出的地方是步進馬達中，有按照輸入的脈波訊號而可以切換在各相中流通電流的電子回路。

◎增加線圈的極數，即能增加步行的次數

　　步進馬達的旋轉結構如下：

　　①「輸入脈波訊號使A相的線圈流通電流」→「A相的線圈中產生N極的磁極」→「因線圈的N極和轉子的S極相吸引，使轉子的S極旋轉90度後靜止」，接著②「輸入脈波訊號使B相的線圈流通電流」→「B相的線圈中產生N極的磁極」→「因線圈的N極和轉子的S極相吸引，使轉子的S極旋轉90度後靜止」，③「輸入脈波訊號使C相的線圈流通電流」→「C相的線圈中產生N極的磁極」→「因線圈的N極和轉子的S極相吸引，使轉子的S極旋轉90度後靜止」，④「輸入脈波訊號使D相的線圈流通電流」→「D相的線圈中產生N極的磁極」→「因線圈的N極和轉子的S極相吸引，使轉子的S極旋轉90度後靜止」。重複①～④，即是可以持續旋轉固定角度的原因。

　　此處使用的是每次旋轉90度型式的馬達。增加定子的線匝數（極數），可以縮小步行角度。而且，如上面所述，依序切換每1相電流的方式稱為「1相激磁式」。

用語解說　脈波：短時間範圍的電壓波形稱之。（*審訂註：一般所稱的脈波，特別是指數位式的，是在 5v 和 0v 之間以一定頻率交替轉換的電壓訊號，⊓⊓⊓）

步進馬達的結構

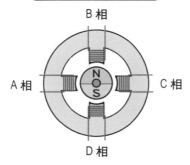

B相

A相　C相

D相

① 「輸入脈波訊號，使A相的線圈流通
　電流」→「A相的線圈產生 N 極的磁
　極」→「因線圈的 N 極和轉子的 S 極
　相吸引，使轉子的 S 極旋轉 90 度後
　靜止」。

② 「輸入脈波訊號，使B相的線圈流通
　電流」→「B相的線圈產生 N 極的磁
　極」→「因線圈的 N 極和轉子的 S 極
　相吸引，使轉子的 S 極旋轉 90 度後
　靜止」。

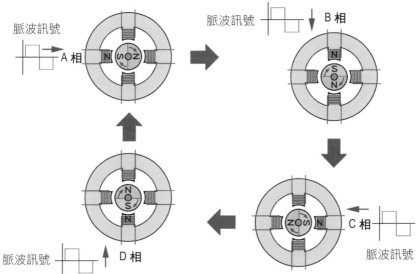

脈波訊號　A相

脈波訊號　B相

脈波訊號　D相

脈波訊號　C相

③ 「輸入脈波訊號，使 D 相的線圈流
　通電流」→「D相的線圈產生N極的
　磁極」→「線圈的 N 極和轉子的 S
　極相吸引，轉子的 S 極旋轉 90 度後
　靜止」。

④ 「輸入脈波訊號，使 C 相的線圈流
　通電流」→「C相的線圈產生 N 極
　的磁極」→「線圈的 N 極和轉子的
　S 極相吸引，轉子的 S 極旋轉 90 度
　後靜止」。

CHECK POINT

● 在步進馬達中，有按照輸入的脈波訊號而能切換電流
　的電子回路。
● 步進馬達，只要增加定子的線匝數（極數），即可縮
　小步行角度。

17 轉子和定子為齒輪狀的 VR 型步進馬達

　　步進馬達從轉子的構造可以區分「VR 型」「PM 型」「HB 型」三種。

　　VR 為「Variable Reluctance」的開頭字母,也稱為「可變磁阻形(利用磁力抵抗的位置變化)」或「齒輪狀鐵心形」。歷史悠久,在 1920 年代時在英國軍艦上,為了指示魚雷的發射方向,而將其作為位置定位用的控制馬達,因而聞名於世。

◎有使用量減少的傾向

　　VR 型步進馬達是由磁性體加工成齒輪狀的轉子,及纏繞了線圈的齒輪狀定子所構成。剛好是齒與齒,嚙合良好的狀態。

　　使磁性體作成的齒輪狀的轉子相吸、相斥,由於定子的磁極旋轉,轉子也跟著旋轉。轉子不使用永久磁鐵,而是使用只通過磁束的矽鋼板或固狀(solid)電磁軟鐵等強磁性體。

　　VR 型的旋轉結構順序為①使定子溝槽中纏繞的線圈流通電流,②定子的磁極變成電磁鐵,③電磁鐵使轉子磁化,轉子和定子之間發生磁氣吸引力,④依據磁吸引力使馬達步進。VR 型有一個很大的特性為,步行角度較小(一般為 15 度),具有對於收到的指令可以高速反應的特性。但是具有:①因為是依據定子產生的磁場,使轉子被磁化而運轉,故效率較低,②難以產生大的轉矩等缺點,近來已不太被使用。目前 VR 形步進馬達只佔全部步進馬達生產量的百分之幾而已。

用語解說　　強磁性體:物質的磁性。稱為強磁性的物質,為本身具有磁極,與磁鐵互相有作用力。

VR 型步進馬達的結構

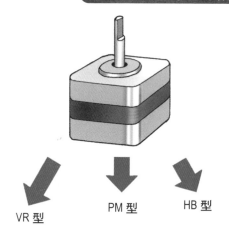

VR 型　　PM 型　　HB 型

VR 型（可變磁阻型）的結構

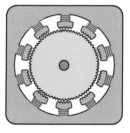

脈波訊號

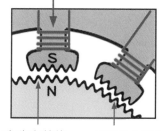

VR 型為齒輪狀的轉子和定子嚙合在一起的形狀

齒和齒完美的配合在一起

齒和齒之間各有 1/2 的偏差

脈波訊號

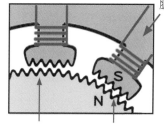

齒和齒之間各有 1/2 的偏差

齒和齒完美的契合在一起

CHECK POINT

●VR 為「Variable Reluctance」的開頭字母，又稱為「可變磁阻型」或「齒輪狀鐵心型」。
●VR 型是由磁性體加工成齒輪狀的轉子，及纏繞了線圈的齒輪狀定子所構成。

18 轉子使用永久磁鐵的 PM 型步進馬達

　　PM 型步進馬達的「PM」為「Permanent Magnet」的開頭英文字母組成，又稱為「永久磁鐵型」或「PM 馬達」。

　　VR 型為轉子使用矽鋼板或固狀電磁軟鐵等強磁性體，而**PM型為轉子使用永久磁鐵**。在圓周方向放置已經磁化的永久磁鐵，在定子中配置有集中繞線的激磁線圈磁極。轉子的永久磁鐵最常使用氧化鐵磁鐵（請參照 16 頁）。

　　另一方面，定子的磁極則為薄板狀的扼流線圈（Choke），裡面裝上「爪齒（Crow-Pole）」的爪狀凸極物構造。

　　轉子使用永久磁鐵，定子設置產生電磁力的線圈構造，從此處來看，可以說是和無刷直流馬達（參照 86 頁）非常相似。

◎主流的步進馬達

　　PM 型步進馬達的旋轉程序如下：①使定子的繞線線圈流通電流，②激磁定子的凸極，③永久磁鐵的轉子和定子之間發生磁吸力，④因為磁吸力使馬達步進。

　　另外，還具有以下特性：①和其他的步進馬達相比，具有較高的效率，②可以產生大的轉矩，③即使在無激磁（沒有通電）狀態，也可以保持轉子的位置，④雖然價格較便宜，依然可以做較高精度的控制，⑤構造簡單製作容易。PM 型是步進馬達中最普及的。

　　具體來說，PM 型步進馬達多使用於：咖啡機或印表機、傳真機、時鐘、汽車里程計、工業用機器手臂、工作母機等，需要高定位精度的機器中。

用語解說　電磁軟鐵：是一種飽和磁束密度高、透磁率良好的材料，廣泛地使用在直流磁力回路的零件中。

PM 型步進馬達的結構

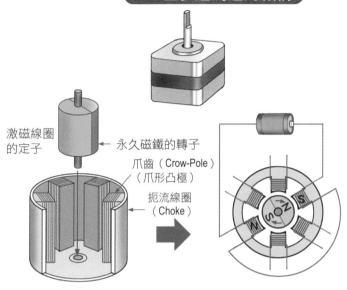

激磁線圈
的定子

永久磁鐵的轉子

爪齒（Crow-Pole）
（爪形凸極）

扼流線圈
（Choke）

特性
①使定子的線圈流通電流。
②激磁定子的凸極。
③轉子和定子之間發生磁吸力。
④磁吸力使馬達步進。

大多使用於傳真機、工業用自
動手臂、工作母機等，各式各
樣機器中。

CHECK
POINT

●PM 型也稱為轉子使用永久磁鐵的「永久磁鐵型」或
「PM 馬達」。
●PM 型在圓周方向，裝置有已經磁化的永久磁鐵、在定
子中配置有集中繞線的激磁線圈磁極。

19 結合 VR 型和 PM 型的 HB 型步進馬達

HB 型步進馬達的「HB」為「Hybrid」的縮寫，稱為「複合型步進馬達」或「Hybrid 型步進馬達」。

Hybrid 一詞，因為汽油引擎和電力馬達兩者併用的 Hybrid 汽車而一舉成名，原本使用在生物學中，意思是「配種」。此處則意指「**結合 VR 型和 PM 型的優點**」，因為以永久磁鐵（PM 型的特性）來實施以多數齒所進行的細微角度控制（VR 型的特性），故稱為複合型。

HB 型具有以下特性：①產生的轉矩比較大，②轉子和定子皆擁有細小的齒，步行角度可以很小，③即使在切斷電源（無激磁）狀態下，也可以保持位置。可作為高精度的馬達來使用，廣泛地使用在影印機或印表機、傳真機、工作母機等。和 PM 型皆為步進馬達的主流。

◎構造複雜、價格高

HB 型的轉子為由兩層齒輪狀鐵心（鐵心由 N 極和 S 極形成，中間有一點小間隔的配置）包夾著配置在旋轉軸方向的圓筒形永久磁鐵的構造。轉子的鐵心圓周上刻有很多齒，和定子的齒形成良好的嚙合。

旋轉的結構和其他的步進馬達沒有太大的不同。其結構為：①使定子的繞線線圈流通電流，②激磁定子的凸極，③永久磁鐵的轉子和定子之間產生磁吸力，④利用磁吸力使馬達步進。

和其他步進馬達相比，HB 型步進馬達的問題在於構造複雜、價格高。

用語解說　**永久磁鐵**：放置在磁場中，即使在周圍另施加磁力，本身具有的磁化程度大小也不變化的物質。

HB 型步進馬達的結構

是一結合 VR 型和 PM 型兩者優點的馬達。使用永久磁鐵（PM 型的特性）來對多數的齒，進行細微的角度控制（VR 型的特性）。

HB 型（Hybrid 型）

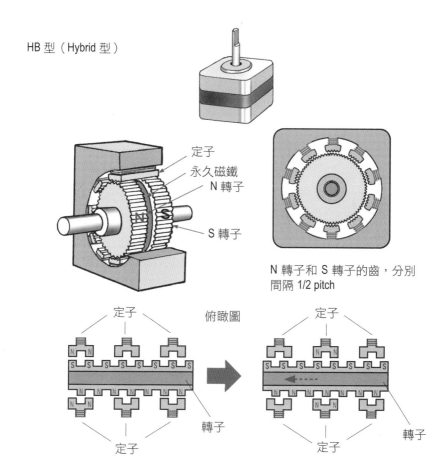

定子
永久磁鐵
N 轉子
S 轉子

N 轉子和 S 轉子的齒，分別間隔 1/2 pitch

定子　　俯瞰圖　　定子

轉子　　　　　　轉子

定子　　　　　　定子

特性
①使定子的線圈流通電流。
②激磁定子的凸極。
③N 和 S 的轉子和定子之間產生磁吸力和相斥力。
④利用磁吸引力使馬達步進。

CHECK POINT

●HB 為「Hybrid」的簡寫，又稱為「複合型」或「Hybrid 型」。
●因為結合 VR 型和 PM 型兩者的優點，故稱為「HB 型」。

馬達的壽命和維修

　　馬達當然有其壽命，而且壽命會與馬達的機種（特別是有無使用整流子及電刷）、因使用的電源或電流、使用環境等而有所不同。但大致上和使用時間、磨損、發熱、零件的劣化、損傷等有很密切的關係。例如，額定下使用時，整流子和電刷的壽命為2000～4000小時左右，軸承的壽命為1萬小時左右。

　　馬達的零件劣化，損傷時，馬達即無法正常動作，而可能導致事故。因此必需經常進行馬達的保養、檢查作業，並早期發現是否有零件的劣化、損傷等現象，是很重要的。特別是產業用馬達的輸入和輸出都很大，馬達的故障具有引發大事故的危險性。

　　一般經常被提到的是，每天、每月、每年的保養、檢查。需要每天～數天進行一次的日常保養、檢查作業項目有：①注意馬達的振動或噪音的變化，②注意軸承部有無溫度升高過度，③確認有無異常或油污等。而需要每月～數月施行一次的月間保養、檢查作業項目有：①確認電刷或整流子有無劣化，②確認有無破損的地方，③確認有無確實地和機械連結好等。必須每年～數年實施一次的年度保養、檢查作業項目有：①整體的檢查，②線圈的清潔，③各種零件的檢查、修理或更新等。

　　特別重要的是，每天的保養、檢查作業，因為若有任何異狀，馬達會有噪音、異常臭味、發熱等情形發生。人類的五官可以有某種程度的感知能力。重要的是，每日利用記錄、圖表等方式來加強比較檢討的資料，如此一來，即使是很小的變化也不會錯失。

第4章

交流馬達的種類和特性

交流馬達可以直接使用交流電源,目前多做為電機產品的主要動力來源。本章將介紹,具有不需要切換電流方向的整流子和電刷,以及維修容易等優點的交流馬達構造和種類。

1　交流電源旋轉的交流馬達

如之前已經說明過的，馬達有分為用直流（DC）電源旋轉的「直流馬達」和用交流（AC）電源旋轉的「交流馬達」。

交流馬達和直流馬達不同的地方在於，可以直接使用電力公司送來的商用電源或工廠用的高壓電源。因此，交流馬達作為電機產品的主要動力源，目前正急速普及中。順便一提，商用交流電源有兩種，分為大多用於一般家庭或小規模的辦公室等的單相交流電源（插座孔有 2 個），和工廠所使用的三相交流電源（插座孔有 3 個）。同樣地，交流馬達也對應各別不同的電源。

交流馬達構造上的特性為，因方火線圈中流通的電流方向會周期性地變化，所以，除了少部份的例外，大部份皆是**不需要切換電流方向的整流**（整流子和電刷）。這是交流馬達和直流馬達最大的不同點。

◎感應馬達和同步馬達

交流馬達大致可以區分為：利用電磁感應作用（參照26頁）和電磁力的「**感應馬達**」，以及由電源頻率所決定其同步速度旋轉的「**同步馬達**」。感應馬達又因為轉子的形狀不同，而可以分為「鼠籠型」和「線圈型」兩種。

另一方面，同步馬達也有很多種類，分別有「PM 型（也稱為「永久磁鐵型」「磁鐵型」「感應型」）」「磁阻型（也稱為「積層鐵心型」「凸極鐵心型」「感應Reaction」形）」「磁滯型」「線圈型（也稱為「電磁鐵型」）」等。其他還有，除了主線圈另具有補助線圈的「蔽極馬達」等。

用語解說　單相交流電源：在短時間間隔下，改變方向的交流電源，多使用在家庭、交流電鐵道等。

各種交流馬達

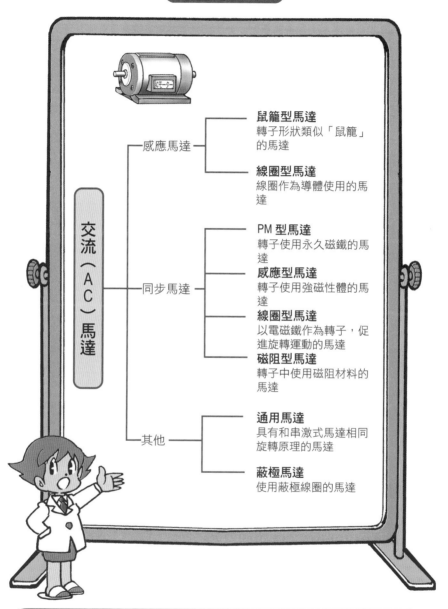

交流（AC）馬達

感應馬達

鼠籠型馬達
轉子形狀類似「鼠籠」的馬達

線圈型馬達
線圈作為導體使用的馬達

同步馬達

PM 型馬達
轉子使用永久磁鐵的馬達

感應型馬達
轉子使用強磁性體的馬達

線圈型馬達
以電磁鐵作為轉子，促進旋轉運動的馬達

磁阻型馬達
轉子中使用磁阻材料的馬達

其他

通用馬達
具有和串激式馬達相同旋轉原理的馬達

蔽極馬達
使用蔽極線圈的馬達

CHECK POINT

●交流馬達可以直接使用電力公司傳送而來的商用電源或工廠用的高壓電源。
●交流馬達可以大致區分為「感應馬達」和「同步馬達」。

2 可任意使用的感應馬達

　　感應馬達所使用的電源，是電流方向會隨著時間改變的交流電源。將定子線圈流通交流電，使其如永久磁鐵般產生磁場（此一磁場稱為旋轉磁場），再利用轉子所產生的感應電流，所產生的相互作用來產生旋轉力。這樣的結構也稱為「感應馬達」或「感應電動機」。馬達的旋轉力由磁極（磁極數多為 4 極）流通的電流強度來增減。

　　感應馬達的原理是由 1880 年代的歐洲所確立。發現該原理的是同時以數學家、天文學家、政治家而知名的物理學家阿拉哥（Francois Jean Dominique Arago）。

◎應用範圍廣泛為其特性

　　即使在交流馬達中感應馬達也可以說是最容易使用的馬達。具體而言，它具有：①因為是利用交流電源，即使不使用特別的轉換裝置，也可以商用電源產生直接旋轉的運動，②因為構造簡單，故容易操作、易維修，③因為沒有整流子及電刷，因此機械的磨損少、壽命長，④高輸出，⑤比較便宜等優點。因此，從一般家庭用（電風扇或洗衣機、冰箱等）到產業用（工作母機或電車等），使用範圍非常廣泛。尤其是日本新幹線電車即採用感應馬達，就是這種馬達技術進步的象徵。

　　還有，感應馬達可以分為：①構造相異的「鼠籠型」和「線圈型」，②形狀不同的「旋轉型」和「線性型」、③不同電源的「單相」和「三相」等，後面還會再提到。現在最常使用的是運用三相交流電源的「鼠籠型感應馬達」。

審訂註：三相交流電的特性是，三條輸配電線上的電壓和電流的相位，交流電呈現 120°的相位差。

用語解說　三相交流電源：在短時間間隔下，變化方向的交流電源，現使用於大部份的電力網中。

感應馬達的結構

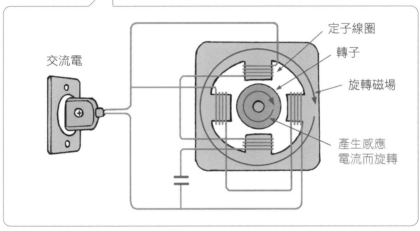

感應馬達是利用交流
電流,在轉子上產生
感應電流的作用,而
產生旋轉力。

交流電

定子線圈

轉子

旋轉磁場

產生感應
電流而旋轉

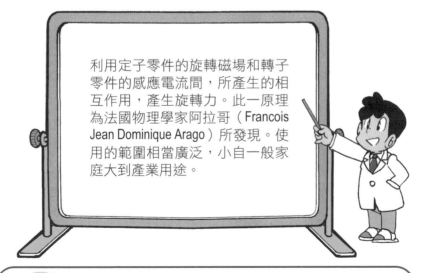

利用定子零件的旋轉磁場和轉子
零件的感應電流間,所產生的相
互作用,產生旋轉力。此一原理
為法國物理學家阿拉哥(Francois
Jean Dominique Arago)所發現。使
用的範圍相當廣泛,小自一般家
庭大到產業用途。

CHECK POINT

●感應馬達是利用定子線圈的磁場和轉子產生的感應電
流,兩者的相互作用而旋轉。
●在交流馬達中,感應馬達是最容易使用的馬達。

3 利用阿拉哥圓盤的感應馬達

　　感應馬達具有定子和轉子各自獨立的線圈，其構造是定子線圈受到轉子線圈的電磁感應作用而旋轉。通常，能源輸入端的定子線圈稱為「一次線圈」，能源輸出端的轉子線圈稱為「二次線圈」。一次線圈中流通的電流稱為「一次電流（定子電流、固定子電流）」，二次線圈中流通的電流稱為「二次電流（轉子電流、轉子電流）」。

　　感應馬達是利用稱為「**阿拉哥圓盤**」「阿拉哥旋轉盤」物理現象。這是在 U 字型磁鐵的「U」字開口內側，放置銅或鋁製薄圓盤，當移動 U 字型磁鐵時，圓盤上會產生渦電流（渦狀流通的電流），而使圓盤和磁鐵產生相同方向移動的現象。

　　發現此現象的，是法國物理學家阿拉哥。然後，法國物理學家傅科（Leon Foucault）觀察阿拉哥的圓盤旋轉結構，才證實這是根據渦電流而產生的現象。

◎交流送電普及化的契機

　　進入 1880 年代時，愛迪生（Edison）視為競爭對手的塞爾維亞發明家泰斯拉（Nikola Tesla），依循著阿拉哥及傅科的研究，而發明了實用的感應馬達。感應馬達的原理為，使用阿拉哥的圓盤，利用旋轉磁場和渦電流之間產生的電磁力，產生使馬達旋轉的轉矩。泰斯拉發明了實用的交流發電機和感應馬達，因此創造了交流送電普及化的契機。

　　但是，在實際的馬達中，是利用依序激磁多個一次線圈，來取代磁鐵旋轉，藉此得到和磁鐵旋轉相同的效應。

　用語解說　渦電流：對於電傳導體來說，對貫穿磁力線作相對運動時，導體中會產生渦狀電流。

感應馬達的旋轉結構

轉矩的原理

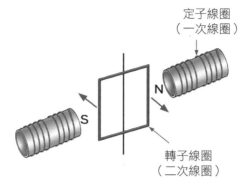

定子線圈
（一次線圈）

N

S

轉子線圈
（二次線圈）

使外側的磁鐵
旋轉，二次線
圈 會 產 生 電
流，再利用交
互產生的電磁
力旋轉。

阿拉哥圓板

薄圓盤放在中
間，移動 U 字
形磁鐵時，圓
盤會產生渦電
流，使圓板和
磁鐵產生相同
方向的移動。

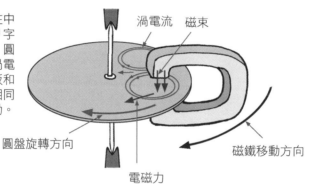

渦電流　磁束

圓盤旋轉方向

電磁力

磁鐵移動方向

感應馬達的旋轉原理

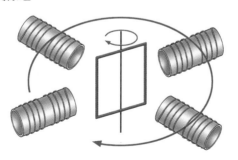

依序地激磁多個
一次線圈，取代
磁鐵旋轉

●感應馬達是利用名為「阿拉哥圓盤」、「阿拉哥旋轉
　盤」的物理現象。
●感應馬達利用旋轉磁場和渦電流之間發生的電磁力，
　產生轉矩。

　　感應馬達依據轉子的不同構造，可以區分為「**鼠籠型**」和「**線圈型**」兩種。

　　但是，因為感應馬達幾乎全部是做成鼠籠型，所以，感應馬達也可以說幾乎等同於鼠籠型馬達。從以前到現在，感應馬達都是主流。

　　鼠籠形的馬達由：①轉軸、②矽鋼板積層的鐵心、③導電性佳的銅或鋁等製作的幾根棒子，稱為旋轉棒（Rotor Bar）或導體棒（Bar）、④固定旋轉棒的短路環（End Link）所構成。實際上，轉軸裝設在鐵心的零件，與旋轉棒和短路環所製作成的鼠籠型導體，互相組合而形成轉子。因為導體形狀像用來關鳥或老鼠的籠子。故稱為「鼠籠型」。它具有壽命長、效率高等多項優點。目前，廣泛地使用在電風扇或洗衣機等家電中。

◎適合大型機械的線圈型感應馬達

　　另一方面，**線圈型感應馬達**與以銅或鋁等為導體的鼠籠型感應馬達不同，是以線圈為導體。特性為，轉子是由各相的線圈所組成，透過集電環（Slip Ring）和電刷，將轉子上所發生的渦電流連通到馬達外部，即可接到可變電阻器。集電環使轉子和定子之間的電源供給，成為可能的連接器，與直流馬達的整流子有點相似，但是不具有整流作用。

　　這種馬達因為可以依據外部的抵抗（二次抵抗）調整渦電流，可使起動轉矩加大、轉速提升。因此，多使用於吊車、卷線機、空氣壓縮機（空氣壓縮裝置）等設備中。

用語解說　可變電阻：電子機器的調節機構中不可或缺的產品，目前有電阻值可隨時調整的零件，以及一旦調節後即可長期固定的半固定電阻器零件。

感應馬達的種類

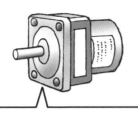

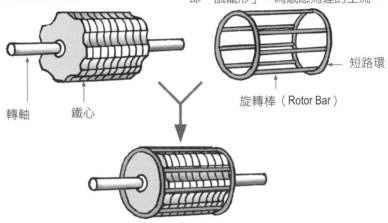

鼠籠型感應馬達

導體的形狀類似裝鳥或老鼠的籠子，即「鼠籠形」。為感應馬達的主流。

短路環

旋轉棒（Rotor Bar）

轉軸　　鐵心

線圈型感應馬達

以線圈作為導體的「線圈型」馬達。可能使起動轉矩加大、轉速提升。

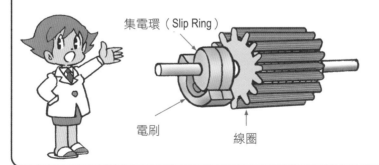

集電環（Slip Ring）

電刷

線圈

CHECK POINT

● 感應馬達因為轉子構造的不同，可以區分為「鼠籠型」和「線圈型」兩種。
● 鼠籠型的優點很多，廣泛地使用在電風扇或洗衣機等一般家庭中，甚至用於產業用途。

　　感應馬達有其獨特的特性。它的運作結構為：①將交流電流流通一次線圈，可使定子發生旋轉磁場（磁場的旋轉速度稱為**同步速度**）、②旋轉磁場會使定子產生渦電流、③受到渦電流的影響*，轉子因而旋轉。總之，經常被旋轉磁場所影響的轉子，其實際轉速會變成比同步速度（符號 ns、單位min⁻¹ 或 1/min）慢一點的速度（符號 n、單位min⁻¹ 或 1/min）。

　　由於比同步馬達速度慢，又稱為「**非同步馬達**」。還有，轉子的轉速和同步速度之間產生的差，稱為「**滑大（符號 s、單位%）**」。轉速比同步速度慢的狀態以「轉子引起滑動」「滑動進行中」等表示。滑動的計算式為「（同步速度－轉速）÷同步速度」，以百分比（%）表示。馬達旋轉前（轉速為 0 時）是100%，額定轉矩運轉時則會變成約 5%的程度。**負載轉矩變大時，滑動也有變大的傾向，可以說滑動愈小則馬達的性能愈高。**

◎使用變頻器控制旋轉

　　因為感應馬達在原理上經常會發生滑動，和同步馬達的同步速度旋轉（請參照 114 頁）相比，有難以正確控制其轉速的缺點。但是近年來開發了**使用變頻器裝置可以控制旋轉**的方法，幾乎消除了這樣的缺點。

　　變頻器裝置又稱為「逆轉換回路」「逆轉換裝置」，是一種將直流電力轉換為交流電力，或轉換交流電力頻率的電力轉換裝置。由半導體元件和被動電子元件所組成。

---

*審訂註：渦電流產生的磁場，再和外部的旋轉磁場相吸（或相斥）而產生旋轉力。

用語解說　　同步：當電動機以電源頻率，直接轉換出轉換速時，稱為同步速度旋轉。

滑動

感應馬達經常發生「滑動」

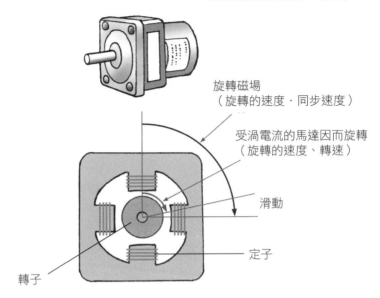

旋轉磁場
（旋轉的速度，同步速度）

受渦電流的馬達因而旋轉
（旋轉的速度、轉速）

滑動

定子

轉子

滑動＝（同步速度 － 轉速）÷同步速度

轉子的轉速，變得比同步速
度稍慢

感應馬達因為有滑動的現象，因此在設定的轉
矩下，要控制轉速非常地困難。只要使用變頻
器裝置來做旋轉控制，就會解決這個大問題。

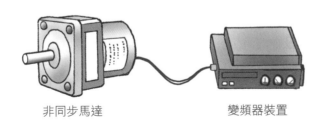

非同步馬達　　　　　　　　變頻器裝置

CHECK
POINT

●感應馬達因為是轉子被旋轉磁場以電磁力牽引著旋
　轉，因此旋轉速比同步速度稍微慢一點。
●因為總是有滑動發生，因此，缺點是轉速很難正確控
　制。

　　同步馬達為利用電源頻率，來決定同步旋轉速度的馬達。分別取其原文的開頭字母，簡稱「SM 馬達」。之前敘述過的步進馬達（參照 92 頁）也是與脈波電力同步，從這個意義來看，步進馬達可以歸類為同步馬達。

　　為了理解同步馬達，必須將焦點集中於定子和轉子的磁場上。首先，定子的磁場為利用交流電所產生的旋轉磁場，這一點和感應馬達相同。

　　另一方面，轉子的磁場和利用感應電流的感應馬達不同，它是由永久磁鐵或電磁鐵所產生。其實際的動作結構為：①使交流電流流通至定子線圈，②定子中發生旋轉磁場，③利用旋轉磁場和轉子的磁場，產生相互作用，以同步速度旋轉。其優點有：①改變頻率可以自由地調整馬達的轉速，②壽命長，③轉矩不均勻的情況較少。由於轉速的變動小，適合低速度、低負載使用等。

◎驅動用馬達是必要的

　　雖然同步馬達在同步狀態可以維持旋轉運動，但構造上因為無法自力旋轉，起動時必須借助鼠籠型馬達，以提升到同步速度，此稱為「起動」「發動」等。另外，在負載過大時，易有脫離同步而停止的現象（此現象稱為「**脫調**」，停止時的轉矩稱「脫出轉矩」）。

　　同步馬達的轉矩，在定子的旋轉磁場和轉子的角度（此角度稱為「相位角」或「負載角」）差愈大時愈大。到達 90 度時為最大轉矩。另外，相位角不穩定而振動的狀態，稱為「**亂調**」。

用語解說　脫調：因為負載或電源的顯著變動，使得同步速度變得無法保持。

同步馬達的特性

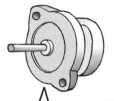

同步馬達利用改變頻率
可以自由的調整轉速

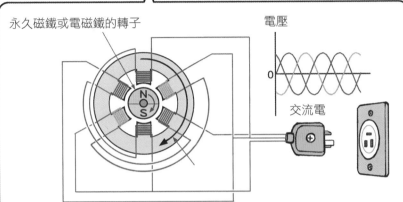

永久磁鐵或電磁鐵的轉子

電壓

0

交流電

使三相電流流通到定子的線圈中時，線圈會依序磁鐵化並產生旋轉磁場，與轉子的磁場相互作用，而使轉子以同步速度旋轉。

旋轉磁場

旋轉磁場

起動

同步速度

相位角

即使讓交流電流流通至同步馬達而產生旋轉磁場，也無法自力旋轉。

要開始動作，必須把轉子提升到同步速度。此稱為起動。

負載變大，旋轉磁鐵和轉子旋轉同步脫離，即會停止。稱為脫調。

CHECK
POINT

●同步馬達為利用電源頻率來決定同步速度旋轉。取開頭字母可簡稱為「SM 馬達」。
●定子的磁場為利用交流電所產生的旋轉磁場。而轉子的磁場為永久磁鐵或電磁鐵所產生。

　　和其他的馬達一樣，同步馬達也有各式各樣的種類。通常我們是以馬達的構造做為分類標準，大致可區分為轉子用永久磁鐵（Permanent Magnet）的「PM 型」、使用強磁性體的「磁阻型」、以及使用即使無激磁也會保留固定保磁力的磁性體（磁滯材料）的「磁滯型」等。

　　PM 型同步馬達的轉子，是由矽鋼板等做成的鐵心，和永久磁鐵所構成。另一方面，給予轉子推進力的定子，是由鐵心和線圈所構成。其他還有裝置了用於檢測永久磁鐵位置的磁場感應器。

◎具有不同使用目的的各式 PM 型馬達

　　PM 型是利用交流電所產生的定子旋轉磁場，以及轉子的永久磁鐵磁場間的相互作用而旋轉。而且，由於沒有整流子和電刷的機械接觸部份，所以它的優點是壽命非常長且不會發生雜訊。

　　另外，它也以效率較高、使用小電流即可以達到大轉矩的省能源馬達而聞名。可以瞬間起動、停止的高反應性，是它最大的特性之一。但是，也具有在同步速度下不穩定的操動等缺點。

　　不只是冷氣機、冰箱、洗衣機等一般家庭用電器，產業上也廣泛地採用此型馬達。

　　嚴格來看，**PM** 度具有各式各樣的種類。例如，依據定子和轉子的位置關係來區分的「內轉型」和「外轉型」，還有依線圈的繞線方式來區分的「分布繞線型」和「集中繞線型」，以及依永久磁鐵的位置關係的「表面磁鐵型」和「內部磁鐵型」等。選用時應配合使用環境，選擇最適合的 PM 型馬達來使用。

用語解說　保磁力：增加負方向的磁場時，磁化開始減少，一直到變成零的負方向磁場，即為保磁力。

PM 型同步馬達的結構

PM 型的轉子是用永久磁鐵

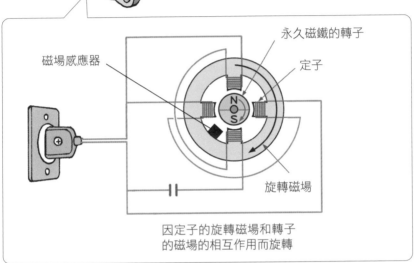

永久磁鐵的轉子

定子

磁場感應器

旋轉磁場

因定子的旋轉磁場和轉子
的磁場的相互作用而旋轉

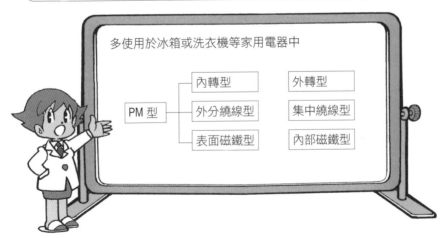

多使用於冰箱或洗衣機等家用電器中

PM 型	內轉型	外轉型
	外分繞線型	集中繞線型
	表面磁鐵型	內部磁鐵型

CHECK
POINT

●PM形是利用交流電流的定子產生的旋轉磁場和轉子的
永久磁鐵的磁場之間的相互作用而旋轉。
●因為沒有整流子或電刷等機械接觸部份，其優點是壽
命長、不會發生雜訊。

轉子是強磁性體的磁阻型馬達

　　磁阻型同步馬達有「積層鐵心型」、「磁阻型」、「凸極鐵心型」等各種名稱。另外，也簡稱為「Syn R」馬達。

　　磁阻（Reluctance）為「磁力抵抗」的意思，和 PM 型相同，為利用定子產生的旋轉磁場，和轉子的磁場之間的相互作用，來產生轉矩。而與 PM 型有所不同的是，轉子不是用永久磁鐵，而是用強磁性體（為薄的鐵片多層重疊而成的積層構造）。

　　轉子為鼠籠型，由強磁性體構成的凸極部為磁極的運作部份。實際上是利用定子的旋轉磁場，使凸極部磁化，進而成為磁極，轉子因而旋轉。若從轉子的角度來看，轉子旋轉導致磁力抵抗變化，然後利用這個變化來旋轉。

　　簡而言之，磁阻型馬達是利用鐵心和磁鐵相吸的力（此力稱為「磁阻轉矩」）。這意味著，若是和感應馬達使用相同的起動原理，而達到同步速度者，即可稱為磁阻形。

◎壽命長和高耐性為其特性

　　磁阻型因為沒有使用永久磁鐵，而有磁極較弱的缺點。因此，磁阻型馬達並不適合用在承受高負載的裝置。但有以下優點：①馬達的構造簡單、容易操作，②基本上不需要維修，壽命長，③堅固，即使在惡劣的環境下也很耐用，④成本比較低。

　　活用上述優點，此種馬達多使用於必須長時間以固定速度操作的時鐘或計時器、OA 機器、事務機器等。還有，若從不需要維修、高耐性來看，磁阻型馬達也可使用於地震儀或氣象觀測裝置中。

用語解說　維修：為了保持機械或製品的品質，所進行的補修或修理。

磁阻型同步馬達的結構

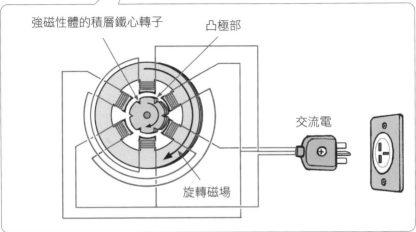

強磁性體的積層鐵心轉子

凸極部

交流電

旋轉磁場

強磁性體的凸極部，被定子的旋轉磁場磁極化，而作為同步馬達旋轉。

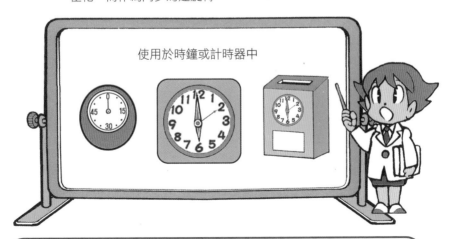

使用於時鐘或計時器中

CHECK POINT

●磁阻型同步馬達有「積層鐵心型」、「磁阻型」、「凸極鐵心形」等各種名稱。
●磁阻型同步馬達構造簡單、容易操作，不需要維修。

9 轉子是磁滯材料的磁滯型馬達

除了「PM 型」「磁阻型」之外，其餘如眾所皆知的，就是「磁滯型」和「線圈型」。

磁滯型同步馬達是使用具有磁滯特性的鈷（Cobalt）或鐵、磁鐵等磁性材料（這裡稱為「磁滯材料」）來製作圓筒狀的轉子，利用這種磁滯特性使其產生轉矩而旋轉的馬達。

磁滯為磁性材料所具有的特性之一，其定義為「某物體或物質的狀態，受到過去的操作而影響其變化」「某物體等受到以前的影響而殘存的現象」等。還有，在非磁性體中設置磁滯環，也會成為磁滯材料。

◎特殊用途為其中心

這種馬達和磁阻馬達等比較，具有以下優點：①轉矩非常小，②振動少，③旋轉順暢，④堅固。因此，到目前為止，多使用在錄放影機卡匣的送卡帶機構、記錄器的送紙機構、錄音機等。

然而，卻有以下缺點：①輸出小，②效率低，③小型化困難，④價格比較高。因而導致轉子材料的供應廠商較少，生產量也減少。

另一方面，線圈型同步馬達為將電流流通至線圈，使轉子成為電磁鐵，而促進旋轉運動。和 PM 型相同，其運作結構為定子產生的旋轉磁場，牽引轉子旋轉。

磁滯型馬達的特性為裝設有集電環（Slip Ring，參照110頁）和電刷，因為需要激磁的回路，所以可說是比較高價的馬達。

用語解說 　鈷（Cobalt）：看似鐵或鎳的銀白色金屬，在室溫下，表面氧化，可以保持長時間的穩定性。

磁滯型和線圈型馬達的結構

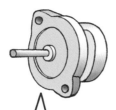

磁滯形為以磁性材料來製作圓筒狀
轉子。而線圈形則以轉子為電磁鐵
使其旋轉。

磁滯型同步馬達

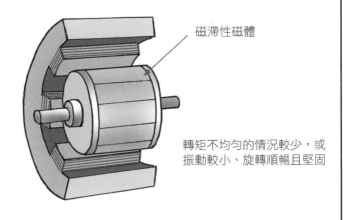

磁滯性磁體

轉矩不均勻的情況較少，或
振動較小、旋轉順暢且堅固

線圈型同步馬達

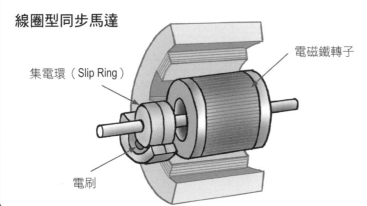

電磁鐵轉子

集電環（Slip Ring）

電刷

CHECK POINT

●同步馬達有「磁滯型同步馬達」或「線圈型同步馬
達」等。
●磁滯型同步馬達與磁阻馬達相比，其轉矩不均勻情況
或振動較少且旋轉較順暢。

10 轉子和定子線圈串聯的通用馬達

前面在 78 頁介紹過作為直流馬達的一種串激式馬達。串激式馬達是一種轉子線圈和定子線圈串聯，轉子和定子流以相同電流流通後，產生旋轉力的馬達，特性為：①具有整流子和電刷，②定子使用矽鋼板積層的鐵心，③在負載電流低的狀態下旋轉速度高，負載電流高的狀態下旋轉速度低，④可以交直流兩用運轉。

和串激式馬達一樣，具有完全相同旋轉原理的是**通用**（Universal ＝萬能）**馬達**。實質上，串激式馬達和通用馬達是相同的馬達，一般會區分為：使用直流電源的馬達為串激式馬達；而使用交流電源的為通用馬達。因為交流馬達是使用正和負向交替轉換的交流電源，並不需要整流子。但是通用馬達卻是例外，又稱為「交流整流子馬達」。

◎單相的交流馬達受到廣泛運用

通用馬達和串激式馬達同樣具有：①容易得到大的起動轉矩，②即使小型化也可以產生大的輸出，③可高速旋轉，④速度控制容易等優點，被廣泛地用作 3000r/min 以上的高轉速馬達。實際上，使用單相馬達的代表性的例子很多，如家庭用的吸塵器、電動工具（電鑽或電鋸）、果汁機、攪拌機、吹風機、縫紉機。亦使用在大型車輛中（電車或電氣火車頭）等。

但是，這種馬達在使用時，具有：①大量的機械、電力雜音，②使用一段時間後必須維修，③在無負載時旋轉會變快的危險等缺點，所以一定要注意。

用語解說 **無負載**：沒有受到負載而運轉的馬達。

通用馬達的特性

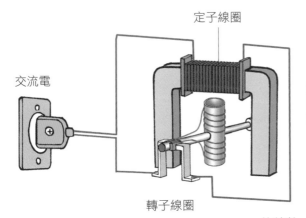

定子線圈

交流電

轉子線圈

通用馬達的轉子線圈和定子的磁場線圈串聯。

優點：
①起動轉矩大。
②輸出大。
③可高速旋轉。
④容易控制速度。

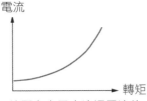

電流

轉矩

線圈和定子中流通電流的乘積和轉矩成比例。

旋轉數

轉矩

轉矩在轉速高時低，低時變高。

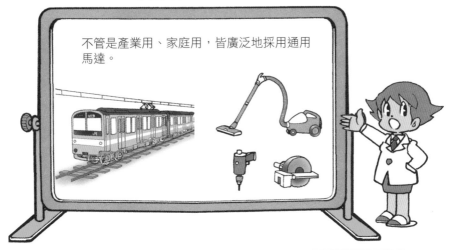

不管是產業用、家庭用，皆廣泛地採用通用馬達。

CHECK POINT

●具有串激式馬達幾乎完全相同的旋轉原理，是通用馬達。
●區分方法為使用直流電源的馬達是串激式馬達，而使用交流電源的馬達是通用馬達。

11 利用相位差旋轉的蔽極線圈型馬達

單相感應馬達中，有一種是使用「蔽極線圈」而稱為「**蔽極線圈型馬達**」的馬達（也稱為「蔽極線圈單相感應馬達」或「蔽極馬達」）。

蔽極線圈指的是，產生磁束的主線圈（也有「一次線圈」、「驅動線圈」的稱呼法）相同的磁束路徑上裝置的另一個線圈（繞線數較少）。

通常，在主線圈纏繞的鐵心上，一部份做出缺口，來設置蔽極線圈。如此一來，主線圈產生磁束時，會和蔽極線圈產生的磁束之間會產生相位差（電流或電波發生的周期波形，在某位置的狀態或差），如此便可以產生移動磁場。

雖然感應馬達在定子線圈中流通交流電，會產生旋轉磁場，而使轉子發生旋轉力，但蔽極線圈型馬達卻是利用移動磁場來產生旋轉力。

◎旋轉特性的不良是其缺點

蔽極線圈型馬達的優點為：①構造單純、容易製作，②因為不需要起動電容器（Condenser）所以比較便宜，③維修的依賴性低。但其缺點為①輸出低，②因為蔽極線圈部的損失，而導致效率變差，③無法改變旋轉方向，④震動大等缺點。

因此，基本上適合用在不重視旋轉特性的機器，除了電風扇或抽風機之外，也用於水槽的淨化幫浦、乾燥器、冷卻風扇、加濕器、電暖氣、電腦周邊機器、各種測定器等。

用語解說　磁場：也稱為磁界，係指磁極的磁力所分布的空間，此作用具有向量（Vector）。

蔽極線圈型馬達的結構

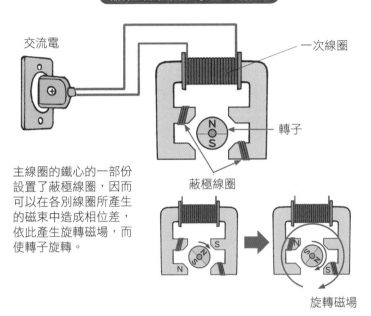

交流電

一次線圈

轉子

蔽極線圈

主線圈的鐵心的一部份設置了蔽極線圈，因而可以在各別線圈所產生的磁束中造成相位差，依此產生旋轉磁場，而使轉子旋轉。

旋轉磁場

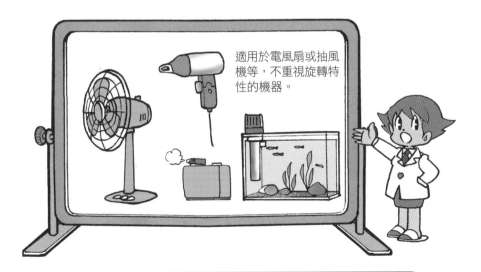

適用於電風扇或抽風機等，不重視旋轉特性的機器。

CHECK POINT

● 蔽極線圈是指，產生磁束的主線圈，在與之相同的磁束路徑內滿裝置的另一個線圈。
● 通過主線圈的磁束和通過蔽極線圈的磁束之間，產生相位差，進而產生移動磁場。

變頻器和逆變器

直流和交流的轉換需要用某裝置。其中有將直流電力產生交流電力的裝置（變頻器）和完全相反機能的裝置（逆變器、順轉換裝設、整流器）。總而言之，不管是那一種皆是「轉換訊號或資料形式的裝置」，也是使用馬達時不可或缺的東西。

最近幾年，冷氣機、冰箱、洗衣機、料理機、燭光燈等，我們的生活周邊所使用的電氣用品上，附有「搭載變頻器」或「變頻器型式」等廣告宣傳的產品急速地增加。事實上，這些產品的結構為，將從插座得到的單相交流電，先用逆變器轉換成直流，再將此直流用變頻器轉換成三相交流。

順帶一提的是，在室溫 30 度時，使用未搭載變頻器的冷氣機，在降低到室溫 27 度時，會自動切斷電源，當溫度超過27 度以上才會再度開啟電源。

但搭載變頻器的冷氣機，在電源開啟的狀態下幾乎可以保持固定的室溫 27 度，達到節能的效果。

逆變器也有重要的功能。例如，我們平常經常使用的（或許是不經意在使用著）變壓器也可以說是逆變器的一種。因為，手機、個人電腦、家庭用遊戲機、電視等是使用直流電力，所以從插座得到的單相交流電無法直接利用。因此，使用變壓器將其轉換成直流電力。還有，大型機器中大多一開始就有內藏變壓器，而實際上人們大都在沒有意識到變壓器的存在，而使用這些機器設備。

第5章

其他特殊馬達的種類和特性

　　為了因應各種使用環境和用途，而開發了各種不同構造及形狀的馬達。本章將介紹不使用電磁作用的超音波馬達，及將旋轉運動轉換成直線運動的線性馬達等，以及和前面說明過的馬達，動作原理不相同的其他馬達。

1

搭載控制機構的
伺服馬達

　　馬達用語中可見：「Servo」伺服之意，有一種說法是這個字的語源在拉丁語中是指具有「侍奉主人」含意的「Servus」，及「僕人」含意的「Servant」「Slave」等。

　　在馬達業界則將「具有可以快速回應指令，並可頻繁地變化目標速度或追蹤目標位置的機構」稱為「伺服」。這一名詞意指忠實地執行命令的意思，也就是「僕人」。

　　一般以轉速或移動速度為目標的控制，稱為速度控制，而以位置或角度為目標的控制，稱為位置控制。這種**搭載控制機構的馬達稱為「伺服馬達」**。

◎因為控制技術的提升，而使馬達的運用更為廣泛

　　伺服馬達的機構大致可以分為指令部、控制部、驅動部、檢出部等。而其結構為，先確認控制對象的速度、位置、方位、姿勢等，再和本來應該有的目標值比，以減少其誤差值。

　　此時將控制端傳來的訊號，送回到輸入端的控制，稱為「回饋」（或「回饋控制」）。伺服馬達被要求的性能和條件為：①必須能順暢地進行、起動、停止、逆轉等，②在很大的速度範圍下可以穩定地動作，③起動轉矩大、達到穩定旋轉的時間短，④電力和機械的損失小，⑤機械性堅固，⑥耐熱性高，⑦轉矩不均勻的情況少（「旋轉數－電壓特性」或「電流－轉矩特性」為直線），停止時即使加入外力也可以保持穩定的位置等。最近幾年，因為拜電子業製品發展之賜，伺服馬達的控制性也大幅提高。今後這種馬達可以有更進一步的發展。

用語解說　**回饋（Feedback）**：在輸入決定輸出的系統中，將輸出加到輸入而對輸出有影響的動作稱之。

伺服馬達的特性

伺服馬達搭載了可以控制轉速或移動
速度、位置或角度等機能

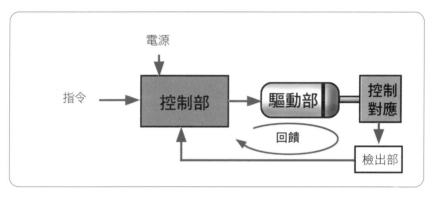

電源

指令 → 控制部 → 驅動部 → 控制對應

回饋

檢出部

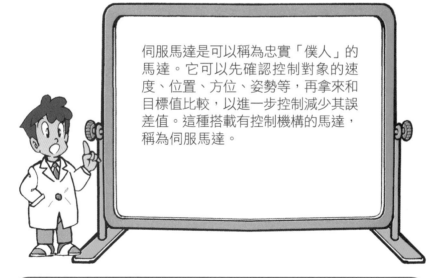

伺服馬達是可以稱為忠實「僕人」的馬達。它可以先確認控制對象的速度、位置、方位、姿勢等，再拿來和目標值比較，以進一步控制減少其誤差值。這種搭載有控制機構的馬達，稱為伺服馬達。

CHECK POINT

●伺服馬達的機構，大致可以分為指令部、控制部、驅動部、檢出部。

●伺服馬達是一種可以確認控制對象的速度、位置、方位、姿勢等，並進一步控制以減少其誤差量。

2 轉子和定子具有凸極的 開關式磁阻馬達

　　還有一種稱為「開關式磁阻馬達（Switched Reluctance Motor）」的馬達（簡稱為「**SRM**」「**SR** 馬達」）。

　　這種馬達雖然歸類為 VR 型步進馬達（參照 96 頁），但因為沒有電刷及整流子，有時也歸類為「無刷馬達」，或「利用磁阻轉矩的同步馬達」。

　　一般的開關式磁阻馬達，為轉子和定子分別設置有凸極（這種構造稱為二重凸極構造）結構，且定子的凸極上有線圈。依序激磁凸極，轉子即可旋轉。

◎發展中的技術

　　開關式磁阻馬達有震動或噪音大、效率低等性能上的缺點，以前被認為它是不實用的。但是因為有：①不具電刷及整流子，甚至維修的必要性很小，②不使用永久磁鐵，所以沒有磁鐵破裂或減磁的顧慮，③從低轉速到高轉速都可以穩定地運轉，④不使用高價永久磁鐵比較便宜等優點。

　　因此近來，已使用於油壓幫浦或電動工具、洗衣機等上面，今後可以使用在電動汽車或渦輪壓縮機等上。現在在美國等國的使用實例多於日本，但是未來的研究、開發或技術革新有所進展，相信其用途增加是指日可待的。

用語解說　　壓縮機：是將從外部取得的氣體加入機械能，以使氣體所具有的力學能增加，最後會轉換成壓力，即可得到高壓氣體。

開關磁阻馬達的結構

強磁性體的轉子（凸極部）　　　定子線圈（凸極部）

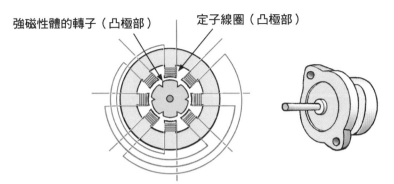

以電子控制切換，使正對面的定子線圈電流流
通，而產生旋轉磁場，使轉子旋轉。

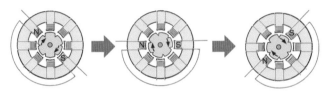

依序地激磁定子凸極，使轉子旋轉。

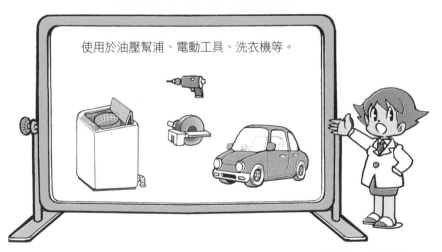

使用於油壓幫浦、電動工具、洗衣機等。

CHECK
POINT

●開關式磁阻馬達的轉子和定子，分別設有凸極。
●依序激磁定子凸極，使轉子旋轉。

3 無電磁作用的超音波馬達

　　説到超音波（超過 20KHz 以上，人耳無法聽到的高頻率振盪音波），總是令人想起蝙蝠。夜行性的蝙蝠為了在黑暗中判別物體，自己會發出超音波，然後依反射波來識別物體是同類或敵人，或用來掌握物體的位置。

　　「**超音波馬達**」即是利用超音波。具體而言，先用超音波產生振動，然後變成為直線或旋轉的運動。一般所説的「馬達」，指的是依據電磁作用而旋轉的電磁馬達（也就是前面各種馬達），但是也有如超音波馬達之類的，不使用電磁作用的馬達。

◎日本所開發出的最尖端技術

　　超音波馬達有各式各樣的特性。例如，①小型輕量，②因為不使用線圈或磁鐵，可以不受磁場的影響而驅動，③因為是運用人耳無法聽到的超音波，因此噪音幾近於零，④不使用減速機，可以得到低速・高轉矩，⑤起動、停止的反應性高，⑥控制性高，⑦設計的自由度大等。

　　另一方面，目前仍待解決的課題是：①摩擦、磨損大，耐久性較低，②必須使用高周波電源。

　　超音波馬達使用在相機的自動對焦（Auto Focus，鏡頭驅動裝置）、醫療用 MRI（核磁共振影像診斷裝置）、光學機器凹凸透鏡的鏡頭驅動裝置等。但是，和電磁馬達相比之下，種類較少，生產量也不多。

　　超音波馬達是 1980 年代在日本最先發表的新技術。如果能更進一步的進行研究開發，使種類增加，相信用途一定會更廣。

用語解說　MRI（核磁共振影像診斷裝置）：使用強磁力和電波，將人體內各部位的狀態以影像化表現的醫療裝置。

超音波馬達的特性

超音波

電力馬達

使用電磁作用
使馬達動作

超音波馬達

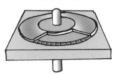

使用超音波振
動使馬達動作

使用在相機自動對焦等

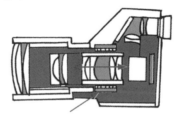

超音波馬達

蝙蝠

CHECK
POINT

●超音波馬達和一般馬達不同的地方是，它不使用電磁
作用讓馬達旋轉。
●超音波馬達具有小型、輕量、不受磁場作用影響而驅
動、噪音幾近於零等多種特性。

4 超音波馬達的驅動結構

　　一般的超音波馬達內有環狀（Ring）轉子和定子。定子是由交互分極的壓電陶瓷元件和許多凸起的彈性振動體（又稱「彈性體」）所構成。

　　壓電元件是一種元件，同時具有：當給予振動或壓力等機械變形而產生電荷的「壓電效果」；以及給予電壓發生機械變形的「逆壓電效果」。轉子可以使用鋁等非磁性體。壓電元件上面放置彈性振動體，再接轉子裝置，為其整體的構造。

　　超音波馬達的驅動結構為：①壓電元件發生超音波振動、②因為超音波振動，定子（彈性體）會如波浪般，往一個固定方向上下前進、③受到猶如波浪（稱為進行波）的運動，使轉子和進行波互以相反方向轉動。

　　我們經常可以在衝浪中看見這樣的驅動結構。定子可比喻為海面上的波浪，轉子比喻為在波浪上的衝浪板，很容易想像。

◎研究開發展望

　　超音波馬達有各式各樣的種類。首先，依形狀的不同，可以分為轉子和定子為環狀的「環型（為目前超音波馬達的主流）」和「圓盤型」「鉛筆型」等。

　　更進一步，可依動作不同而分為：定子產生的不同進行波使轉子轉動的「進行波型（為目前的主流）」「固定波型」等。相信只要持續進行研究，將會有更多種類的超音波馬達出現。

用語解說　壓電元件：在石英板上加機械應力時，石英板兩端會出現正負電荷，當加上電壓，應力會產生變化，利用這些性質的元件，稱為壓電元件。

超音波馬達的驅動結構

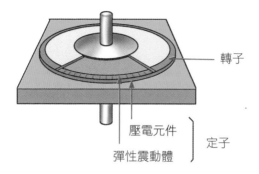

壓電元件的上
面放置彈性震
動體,彈性震
動體的上面再
密接轉子。

轉子

壓電元件
彈性震動體 } 定子

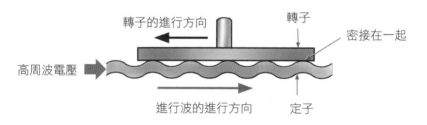

轉子的進行方向

轉子

密接在一起

高周波電壓

進行波的進行方向

定子

壓電元件進行超音波震動,因此,定子如波
浪般的往一個固定方向前進,轉子和進行波
以相反的方向動作。

只要想像衝浪
就不難理解

CHECK
POINT

●超音波馬達具有環狀(Ring)的轉子和定子。
●超音波馬達的定子如波浪般,往一個固定方向上下前
進。轉子和進行波是以相反的方向動作。

5 轉換成直線運動的線性馬達

　　至此，本書所舉出的都是將電力「轉換成旋轉運動的馬達」，但實際上也有「轉換成直線運動的馬達」，那就是所謂的「線性馬達（Linear Motor）」。

　　可以將線性馬達想像為「將圓筒形狀的旋轉型馬達，拉成直線狀，變成可在平面上直線運動的馬達」。線性馬達的基本運動原理和旋轉型馬達相同，但是馬達不是使用轉子或電樞，而是使用移動體或可動體。

　　直接驅動（Direct Drive）是線性馬達的一大特性。因為它是利用磁鐵的相斥力而使物體浮起來，所以搭載有這種馬達的機器，可以在空中高速移動。

◎高成本和改善性能是其主要課題

　　使用於線性馬達車的線性馬達（參照 140 頁），即使和驅動對象物不直接接觸，也能產生推進力。因此，並不需要推進用的輸送帶或車輪、齒輪等機械構造。而且，線性馬達具有：①不需要潤滑油，所以可以保持清潔的狀態，②構造簡單，③省空間，④可以實現順暢的高速運動或加、減速，⑤動作噪音小，⑥位置定位精確度佳等優點。

　　但其缺點為：①因為沒有像旋轉型馬達的機殼外罩，磁性部分為開放狀態，磁束易漏出，②相吸和相斥力強，要保持轉子和定子之間的浮起高度相當困難，③容易直接承受負載的變動，④比旋轉型馬達的電能差，⑤容易有較高的成本。

　　目前，線性馬達的使用實例非常有限，僅用於線性馬達車或工作母機等。

用語解說　直接驅動（Direct Drive）：馬達轉軸和驅動的旋轉體（Shaft）直接連接進行運轉。

線性馬達的驅動結構

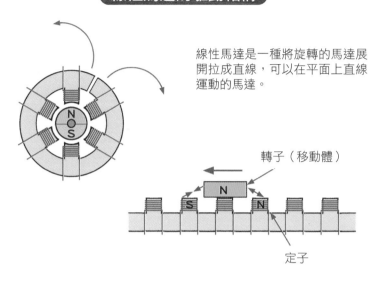

線性馬達是一種將旋轉的馬達展
開拉成直線，可以在平面上直線
運動的馬達。

轉子（移動體）

定子

線性馬達為直接驅動

因為可以不直接和驅動對象物進行機械接觸，而得到
推進力，故不需要車輪、齒輪等機械構造。

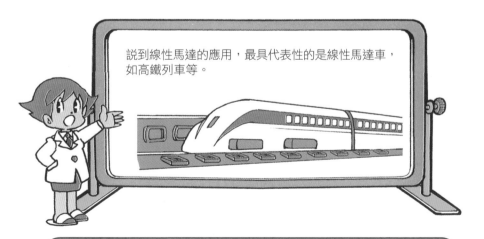

說到線性馬達的應用，最具代表性的是線性馬達車，
如高鐵列車等。

CHECK
POINT

●可以將線性馬達想成是將旋轉型馬達拉成直線狀運動
　的馬達。
●因為是利用線性馬達的磁鐵相斥力而浮起，因此可以
　在離開地面不遠的空中高速移動。

6 線性馬達的種類

　　線性馬達也和旋轉型馬達一樣，有各個不同的種類。首先，大致可以區分為以直流電源驅動的「線性直流馬達（LDM）」和以交流電源驅動的「線性交流馬達」兩種。目前線性直流馬達比較有實際運用。

　　線性直流馬達有移動線圈型式的「線圈可動式線性直流馬達」或移動永久磁鐵型式的「永久磁鐵可動式線性直流馬達」等。

　　另一方面，線性交流馬達則有「線性感應馬達（LIM）」或「線性同步馬達（LSM）」「線性步進馬達（LSPM）」等。其他還有「線性脈波馬達（LPM）」「線性複合馬達（LHM）」等多種型式。

◎依照不同用途，而開發出各式各樣的線性馬達

　　線性馬達和旋轉型馬達相似，會因為驅動原理或構造的不同等，而有不同的特性。

　　舉例來説，以旋轉型直流馬達為原形，經常使用的線性直流馬達具有容易控制、容易實現高精確度、高速驅動性的特性。而線性感應馬達，是將旋轉型感應馬達拉成直線狀的馬達，適合做為長距離、搬運重物之用。

　　線性同步馬達，使用變頻器等來激磁一次線圈，使其產生移動磁場。與其他線性馬達相比，線性同步馬達有較高的磁力率或效率，適合高速運轉。線性步進馬達則是利用設定好的步距，逐步步進的馬達，值得注目的是，低速時也有很大的推進力。

用語解説　磁力率：和交流電力的效率相當的量，稱為磁力率。

線性馬達的種類

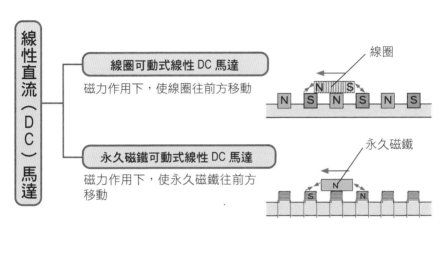

線性直流（DC）馬達

線圈可動式線性 DC 馬達

磁力作用下，使線圈往前方移動

線圈

永久磁鐵可動式線性 DC 馬達

磁力作用下，使永久磁鐵往前方移動

永久磁鐵

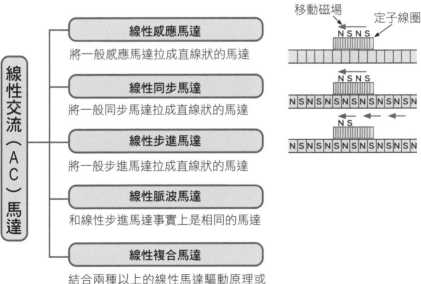

線性交流（AC）馬達

線性感應馬達

將一般感應馬達拉成直線狀的馬達

線性同步馬達

將一般同步馬達拉成直線狀的馬達

線性步進馬達

將一般步進馬達拉成直線狀的馬達

線性脈波馬達

和線性步進馬達事實上是相同的馬達

線性複合馬達

結合兩種以上的線性馬達驅動原理或特性而成的馬達

移動磁場　定子線圈

●線性馬達有用直流電源驅動的「線性直流馬達」和用交流電源驅動的「線性交流馬達」兩種。
●線性馬達和旋轉型馬達一樣，會因為驅動原理及構造的不同，而顯現出不同的特性。

7 線性馬達車：高速行駛的祕密

　　線性馬達車的設定，是作為新時代的超高速交通運輸系統。舊有的鐵道因為考量到軌道摩擦的缺點，因此在高速運轉時有其極限（一般來說，時速 350km 是極限），然而非接觸式的線性馬達車，其時速可能達到 500km 左右，定速運轉。因此，線性馬達車可使我們的生活變得更便利、舒適。

◎以成為新時代重要交通系統為目標，而不斷進行開發

　　日本現在的東海道新幹線，自開始營運到現在已經超過數十年，面臨輸輸量不足的窘境、土木結構的老化及如何能分散災害危險三個難題。

　　在思考如何從根本解決這些難題時，眾所期待的是可以將過度集中東京的狀況加以改善，進而追求分散型國土的形成與均衡發展，即東京－大阪的新動脈「中央新幹線」得以實現。

　　日本線性馬達車的開發從 1962 年開始，後來到 1979 年 12 月，在宮崎實驗線達到了最高速度——時速 517km 的記錄，同時也實施了時速 400km 以上的超高速穩定行車的確認實驗。但是因長度僅有 7km 的實驗線，則因為設備的限制等，而無法進行正式的實驗。以線性技術的早期完成、實用化為目標，故於 1989 年專家們決定在山梨縣建設正式的實驗線，而於 1997 年開始試車試驗。

　　因為行進時列車會浮起，超導電線性馬達車可以時速 500km 左右的超高速運轉。在相同速度下，與舊有的鐵車輪、軌道系的鐵道系統相比，可以大幅地減低噪音和振動。而且在地震發生時的安全性也高，可以說是大量高速輸送裝置的理想系統。

用語解說　　摩擦：2 個物體相對運動接觸或碰撞時，在接觸面上產生阻礙運動的力，稱為摩擦力。

以實用化為研究目標的線性馬達車

極限時 350km

定速時速 500km

西元年	日本線性馬達車的歷史	
1962 年	開始研究	
1972 年	第一次浮起行進成功	
1977 年	在宮崎縣開設實驗線和實驗中心	
1979 年	實驗車創下了時速 517 公里當時世界最高速度的記錄（無人駕駛）	
1987 年	實驗車創下了時速 400.8 公里的記錄（有人駕駛）	
1989 年	決定在山梨縣開設實驗線	
1996 年	宮崎實驗線的行車實驗結束	
1997 年	山梨縣線性實驗線的行車實驗開始 記錄到設計最高速度的時速 550 公里	
1999 年	創下有人、車載狀態下，時速 552 公里的最高速度記錄	
2003 年	創下有人、車載狀態下，時速 581 公里的最高速度記錄	
2005 年	參與實驗人數突破 10 萬人。開通作為愛知萬國博覽會的捷運路線、磁浮式鐵道路線「Rinimo」	

CHECK POINT

● 日本大眾期待做為東京－大阪間的新動脈「中央新幹線」得以實現。
● 非接觸形馬達的線性馬達車，可以時速 500km 左右的定速度運轉。

8 防止爆炸而進行研究的 防爆馬達

　　還有一種稱為「**防爆馬達**」或「**防爆式馬達**」的特殊馬達。防爆馬達從字面上的意思來看，就是為了防止因火花導致爆炸，而進行研究發明的馬達。

　　世界上有許多石油精煉工廠、化學工廠、加油站、印刷工廠等，存在有爆炸性瓦斯或爆燃性、可燃性粉塵、蒸氣等危險場所。萬一，在這樣的工廠或事業場所發生爆炸事故時，會對當地居民造成很大的危險。因此，在爆炸危險性高的場所，不只是馬達，所有機械裝置都應該使用具防爆構造和性能的設備。

◎防爆技術的分類

　　防爆馬達有「耐壓防爆式」「內壓防爆式」「增加安全防爆式」「粉塵防爆式」等各式各樣種類。

　　耐壓防爆式是依據將馬達本體的強度提高，而對爆炸性瓦斯增強其耐受力的東西。此種馬達是即使瓦斯滲入馬達本體內產生爆炸，本體是還可以耐得住爆炸壓力的堅固構造。還有內壓防爆式，是在馬達本體內壓入新鮮空氣，使內壓維持一定，爆炸性瓦斯便無法侵入，即是所謂的把爆炸性瓦斯擋在門外（shut out）的意思，比耐壓防爆式有更高的防爆性能。

　　增加安全防爆式馬達，是藉由提高絕緣性能，採用堅固的外罩，來達到提高外來損傷的防護強度，以及防止燃燒。另一方面，粉塵防爆式是一種不使爆燃性、可燃性粉塵進入馬達本體內的構造。

　　即使在危險的場所，也有很多必須使用馬達的地方。這意味著，防爆馬達對於支撐我們生活來說，也是很重要的存在意義。

用語解說　粉塵爆炸：砂糖、小麥粉、鋸削粉等可燃性高的微細粉塵，當這些粉塵飛揚，接觸到火源引起爆炸的現象。

用於危險場所的防爆馬達

耐壓防爆式馬達

藉由提高馬達本體的強度，對爆炸性
氣體增加耐受性的馬達。

內壓防爆式馬達

壓入新鮮的空氣到馬達本體內，保持
內壓一定，不使爆炸性瓦斯進入的馬
達。

粉塵防爆式馬達

不使爆炸性、可燃性粉塵進入馬達本
體內的構造。

CHECK POINT

● 在爆炸危險性高的場所，必須要使用具有防爆構造及
性能的馬達。
● 防爆馬達分為「耐壓防爆式」、「內壓防爆式」、
「安全增加防爆式」、「粉塵防爆式」等種類。

9 利用靜電相吸相斥力的 靜電馬達

　　如前面所述，馬達為「將電能轉換成機械能的裝置」，而且種類繁多。接下來，將介紹同樣使用相同電力，但原理和電磁馬達完全不同的馬達。

　　其中一種是稱為「**靜電馬達**」或「**靜電氣馬達**」的馬達。由於美國科學家富蘭克林（Benjamin Frankin，1706～1790 年）利用風箏證明了電的真象是「巨大的靜電」，因此，靜電馬達又稱為「富蘭克林馬達」。

　　靜電馬達的原理，主要是利用靜電的相吸相斥力，而以簡單的樣貌再現。首先，在圓盤狀轉子的外側，以等間隔的方式貼上銀薄片，接著在轉子的外側設置正極和負極。將負極流通靜電使負極帶電，將貼在轉子上的銀薄片（正電荷）靠近。當最靠近時，負電荷會移到銀薄片上，因電極相斥而分開。以這個狀態循環下去，當旋轉到最接近正極時，銀薄片上的負電荷會移到正極。結果，銀薄片再次恢復帶正電荷。如此重複，靜電馬達就會持續旋轉。

◎進行實用化

　　靜電馬達便是運用這個原理製作的。記得小時候做自然實驗時，用毛巾或面紙等摩擦氣球產生靜電，使氣球帶電。當這個氣球接近貼有鋁膠帶的杯子，氣球便會開始神奇地旋轉起來。

　　靜電馬達具有：①容易輕量化或小型化，②高輸出，③構造簡單，④不受磁場的影響，⑤不使用減速齒輪也可以得到低速度等特性。但是，實用化的例子較少。

用語解說　靜電氣：靜止不動狀態的電，稱為靜電，和產生流動電流的電有所區別。

靜電馬達的原理

靜電馬達（富蘭克林馬達）
利用靜電相吸相斥力的馬達

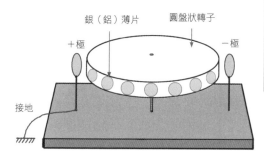

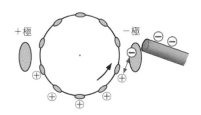

將負極流通靜電，使其帶負電。
轉子上貼的銀（鋁）薄片帶有正電，
兩者因為相吸而使轉子旋轉。

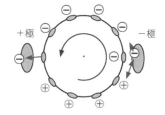

銀薄片接近負極時，負電荷移動引起
相斥而離開。
轉子旋轉，薄片接近正極時，負電荷
會移動，薄片再次恢復帶正電荷，繼
續旋轉。

靜電馬達動手做

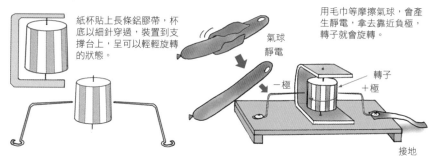

紙杯貼上長條鋁膠帶，杯
底以細針穿過，裝置到支
撐台上，呈可以輕輕旋轉
的狀態。

用毛巾等摩擦氣球，會產
生靜電，拿去靠近負極，
轉子就會旋轉。

CHECK POINT

●靜電馬達是根據富蘭克林的名字而命名為「富蘭克林
馬達」。
●靜電馬達有容易輕量化或小型化、高輸出、構造簡
單、不受磁場影響等特性。

如何選擇馬達

　　如本書多次所説明的，馬達有許多的種類，其特性及性能也各有不同。因此，選擇馬達的方法非常重要。對象物是什麼？需要用多少的力？要移動到怎樣的程度？總而言之，為了選擇最合用的馬達，事前必須做很多的確認。

　　首先，必須先確認馬達上貼附的銘板，仔細掌握馬達的特性或性能。通常銘板上除了會明確地記載製造廠商的名稱或馬達名稱外，也會記載馬達的種類、極數、額定輸出、電壓、頻率、電流、旋轉速度、保護、冷卻方法、轉子的形式、絕緣的耐熱性等。

　　若想進一步弄清楚其詳細性能時，可閱讀馬達目錄。一般用於馬達性能檢查的項目有以下各點：

- ·壽命
- ·重量
- ·效率
- ·控制性

- ·保固、維修性
- ·轉矩
- ·價格性
- ·噪音的有無

　　馬達依據其使用環境或機器不同，所必備的性能便有很大的不同。探討負載的大小或必要的轉速、轉矩特性等來選擇馬達是必要的。我們可以到馬達公司網站閱覽詳細的產品目錄，因此，不妨好好利用收集資訊，選擇最適合不同用途的馬達。

第6章

生活中常見的馬達
和馬達產業的未來

在生活中常用的機器中，馬達是如何具體地運作呢？
本章將介紹馬達在洗衣機或手機等機器中的功能，以及
馬達產業的未來發展。

1 促使洗衣機進化的馬達

　　讓我們來看看，馬達是如何具體地使用在我們日常生活中的各種家電製品或汽車中。

　　首先來看看洗衣機。全自動的洗衣機在現代已經不稀奇，最近，更是連洗衣、清洗、脫水，甚至到烘乾，一次完成的單槽洗衣機也成為新主流。而這些進化的功能全都和馬達有關。

　　一般的洗衣機為洗衣槽左右旋轉的洗衣機。而產生這個動作的是洗衣槽底部的攪拌器（Pulsator，旋轉翼）。攪拌器的下方連接著減速機和皮帶，前方則是稱為「可逆轉（Reversible）馬達」的感應馬達（參照 106 頁）。可逆馬達的特性是使用切換開關就可以改變旋轉方向。

◎因採用無刷直流馬達而達到高機能化

　　洗衣機必需要高轉矩，因此減速機是不可或缺的東西。減速機是由齒輪構成，故洗衣機在動作時，一定都會產生噪音，這是長久以來需要改進的重點。

　　因此，為了防止噪音而採用的是無心直流馬達（參照 84 頁）。在洗衣槽的正下方設置無心直流馬達，並改用直接驅動分離器（Separator）的直接驅動方式結果是不再需要皮帶或減速機。

　　這樣改變的優點為，不只可降低洗衣時的噪音，還可以進行細微旋轉的控制，如此一來，即使是高質感的衣料也可以放心丟進洗衣機中，甚至能在家裡自己洗毛衣，這完全是使用無心直流馬達的直接驅動式全自動洗衣機得以問世的原因。

用語解說　減速機：透過齒輪變化動力來源的旋轉裝置。

使用無刷直流馬達的洗衣機

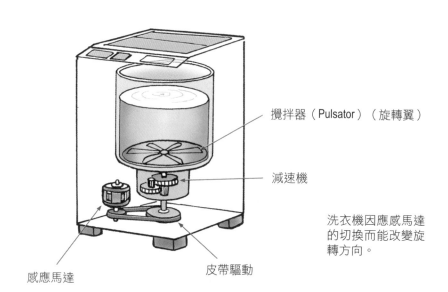

攪拌器（Pulsator）（旋轉翼）

減速機

洗衣機因應感馬達
的切換而能改變旋
轉方向。

感應馬達

皮帶驅動

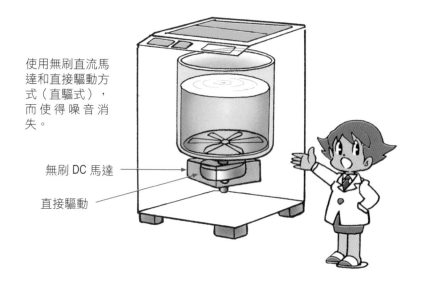

使用無刷直流馬
達和直接驅動方
式（直驅式），
而使得噪音消
失。

無刷 DC 馬達

直接驅動

●洗衣機中設置有稱為「可逆轉（Reversible）馬達」的
感應馬達。
●可逆轉馬達的特性是使用切換開關即可改變旋轉方
向。

2 汽車是馬達的集合體

　　您知道我們身邊的物品當中，馬達使用量最多的機械設備是什麼嗎？答案是汽車。

　　汽車它原本就是很早就導入馬達的機械產品。現在，每一台高級汽車中所使用的馬達約有數十甚至上百。對照曾經只有在雨刷或汽車音響上才使用馬達的過去而言，馬達的使用範圍已經有大幅改變。此一結果，造成現在馬達製造商的大客戶，絕大部份是汽車製造商。

◎燃料電池車問世，使馬達成為汽車的動力來源

　　在汽車的電裝馬達中，有空調部分的清淨風扇上所使用、輸出數 W 到數十 W 左右的平面形馬達，使方向盤輕鬆操作的動力操控（Power Steering）油壓幫浦使用的無刷直流馬達，以及改善乘坐舒適度的電子控制懸吊系統（Suspension）或提高剎車性能的 ABS（Anti Look Brake System）等使用的步進馬達，車門鎖使用的小型動力馬達等，汽車中有令人想像不到的各式各樣馬達。

　　還有，近年來因為複合馬達及燃料電池車的問世，馬達的開發需求已轉變為控制速度簡單，而且效率高。特別是使用燃料電池，可邊發電邊行走的燃料電池車，將是未來的汽車主流。

　　現在，雖然以搭載感應馬達為汽車主流，但因為馬達的運轉，是使用變頻器將直流電源轉換成交流電源，無論如何都會產生轉換損失（Lose）。因此無疑的，這是未來電動汽車用馬達在開發上須解決的課題之一。

用語解說　懸吊系統（Suspension）：又稱懸吊裝置，主要為支持車體重量，減緩因為路面不平整等導致的上下震動，並增加接地性或行走性能的裝置。

汽車使用很多的馬達

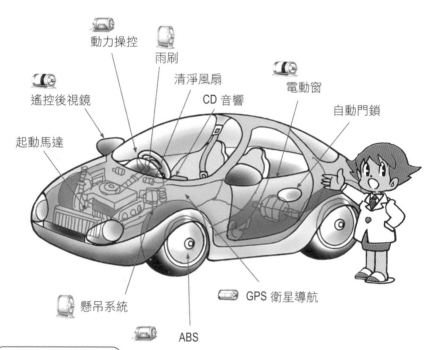

動力操控

雨刷

清淨風扇

遙控後視鏡

CD 音響

電動窗

自動門鎖

起動馬達

懸吊系統

 GPS 衛星導航

ABS

 步進馬達

 平面式馬達

 小型動力馬達

 無刷 DC 馬達

感應馬達

電動汽車

CHECK
POINT

●高級汽車每一台約使用甚至上百個馬達。
●汽車馬達，需要可以簡單控制速度且效率高的馬達。

3 要求大轉矩的電車馬達

　　電車所使用的馬達，以長軸型的直流馬達為主流。因為這種馬達具有大起動轉矩，以及容易控制速度的特性。

　　實際速度控制的結構，是使用簡單的開關，將馬達從串聯切換到並聯，以調整馬達承受的電壓，進而改變速度。

　　但是，由於半導體控制技術有所提升，使得交流感應馬達來驅動的電車也增加了。然而，由於使用頻率和電壓的控制，使得起動（低速）時的大轉矩，和行駛時的高速性能，兩者能同時並存，可說是一大進步。而且，交流馬達沒有整流子或電刷等磨損部位，可以做得很堅固，因此，維修費用可以降低。例如新幹線所採用的三相鼠籠型感應馬達就是一例，它頗受好評的部份是，不只保養或維修容易，而且，即使是小型馬達也能有高輸出。

◎線性馬達車有採購上的問題

　　從 2003 年開始，線性馬達車在中國上海開始商用運輸之用。其最高時速 431km，從上海市到機場 30km，只要 8 分鐘即可到達。雖然這個技術是由德國提供，但是位居線性馬達車開發的世界級領導地位的日本或德國，當時仍在自己國內尚未運用在商用上。由此可見，在實際應用面上仍有許多問題尚待解決。

　　日本鐵路公司以提升速度為優先考量，曾經造成重大電車事故，當然並不完全是馬達導致的。由此可見，同時提升速度和安全性，才是今後馬達開發與生產的重大課題。

用語解說　線性馬達車：利用線性馬達的推進力，使軌道系車行進。

電車使用的馬達

馬達

直流馬達

起動轉矩大
速度可控制
保養維修很麻煩

交流感應馬達

沒有整流子或電刷等磨
損，容易維修保養

**線性馬達車
所使用的馬達**

線性馬達

線性馬達車配置在
作成直線的轉子和
定子上面

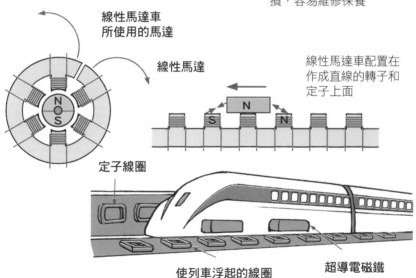

定子線圈

使列車浮起的線圈　　　超導電磁鐵

153

4 個人電腦中的精密微型馬達

　　百年後，人們回想起過去的時代，絕對會用「IT（資訊技術）革命」這個字眼來形容。剛好就像現代的我們稱 200 年前的蒸氣機等發明的機械化，為「產業革命」一樣。

　　說到 IT，不可或缺的是個人電腦和印表機等個人電腦週邊機器設備。因為這些設備需要極高的精密度，因此，內裝有特性不同的各式各樣小型和微型馬達。

　　例如，個人電腦為了避免內部或 CPU 溫度過高，而裝設了冷卻風扇。而用來轉動風扇的馬達，是由具有耐久性的無刷馬達所組成。使用無刷馬達目的不只是防止高溫，同時也防止噪音。

◎使用很多步進馬達的週邊機器

　　個人電腦記憶裝置中不可或缺的 HDD（硬碟機），其中所使用的是容易正確控制轉速的薄型無刷直流馬達或步進馬達等微型馬達。在高層次（High-End）機種中，也有採用線性無刷馬達的例子。而同樣的記憶裝置的 CD 驅動器或 DVD 驅動器等，也都使用步進馬達。

　　因為步進馬達的定位精度佳，可說是週邊機器代表的印表機的代表性動力來源。特別是噴墨印表機，為求印刷精美，送紙和印刷頭的動作要同步，馬達也必須要正確的運轉。因此，最符合需求的要屬步進馬達。

　　此外，雷射印表機使用磁滯型同步馬達（參照 120 頁），其他使用無刷直流馬達的例子也很多。

用語解說　CPU：中央處理器（Central Processing Unit）集合個人電腦所有基本的處理裝置。

個人電腦和週邊機器所使用的馬達

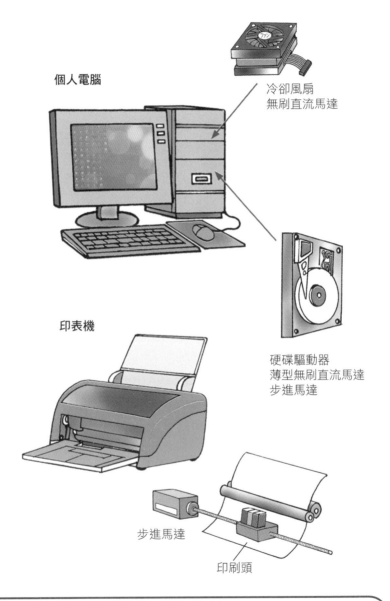

個人電腦

冷卻風扇
無刷直流馬達

硬碟驅動器
薄型無刷直流馬達
步進馬達

印表機

步進馬達

印刷頭

CHECK
POINT

●個人電腦或印表機等，需要極高的精密度，因此內裝
　有特性不同的各式各樣小型和微型馬達。
●個人電腦裡的冷卻用風扇馬達或 HDD、CD 驅動器、
　DVD 驅動器等，皆使用微型馬達。

5 手機也有馬達在運轉

　　現在，手機已是日常生活中不可或缺的代表性物品。除了原本簡單的打電話、接電話的使用方法之外，還可以收發電子郵件或網路檢索資訊，可説是現代社會最大的文明利器。

　　另一方面，選擇適當的場所使用手機，也是重要的禮儀。因此，目前手機所具備的功能中，有一項來電靜音的禮貌模式。

◎禮貌模式中不可或缺的震動小型馬達

　　將手機設定為禮貌模式時，只要有來電或電子郵件時，手機就會以震動方式告知。而產生這種震動的是組裝在手機中的震動用小型馬達。

　　因為小型、輕量是手機的最大特色，所以震動用小型馬達也必須符合同樣的標準。實際上組裝在手機裡禮貌模式用的馬達，是一種直徑 4～6mm、長 10mm 左右的超小型馬達。

　　但是，即使是小型馬達也必須要有大震動才行。因為如果放在袋子或口袋中時，如果無法感覺到震動，那就失去禮貌模式的意義了。

　　為了在不加大馬達尺寸，又能加強震度所採用的方法是，在馬達的轉軸的前端裝上不平衡塊。其模式是以破壞旋轉體的平衡，使旋轉產生大震動。

　　順便一提的是，和手機使用相同震動馬達的製品，有電動按摩器或各種震動器（Vibrator）等。

用語解說　　震動器（Vibrator）：機械性的微細震動，或使用機械產生微細震動的裝置。

超小型馬達是手機震動的來源

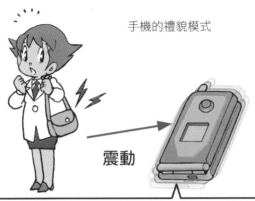

手機的禮貌模式

震動

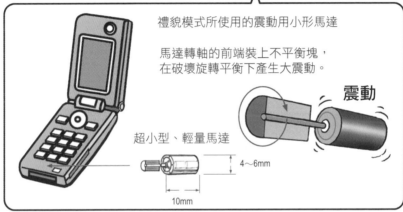

禮貌模式所使用的震動用小形馬達

馬達轉軸的前端裝上不平衡塊，
在破壞旋轉平衡下產生大震動。

震動

超小型、輕量馬達

4～6mm

10mm

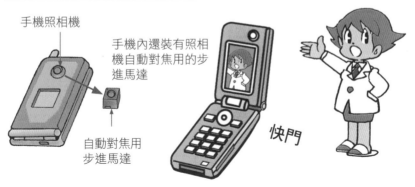

手機照相機

手機內還裝有照相機自動對焦用的步進馬達

自動對焦用步進馬達

快門

●組裝在手機中的禮貌模式用的馬達為直徑 4～6mm、長 10mm 左右的超小型馬達。
●在馬達的轉軸的前端裝上不平衡塊，是在不加大馬達的尺寸下，用來加大震動的方法。

6 馬達生產據點的轉移

全世界的馬達生產據點，已經擴展到中國和日本以外的亞洲市場。日本的生產量最高曾經佔全世界的 60%左右，後來則降低到只有全盛時期生產量的 25%左右。

這不只限於日本，美國的馬達產業也和日本相同，已從領導世界的繁榮期轉變為低迷期。

有此轉變的理由之一，在於美國的軍用規格「MIL（Military Standards）」。新式馬達的開發由於為了適用於非常嚴格的軍用規格，而有了負面影響。雖然之前美國的馬達產業以防空機用馬達為主，但因為過度拘泥於規格（雖然也有其他的因素），導致成本居高不下。另一方面，在漸漸有完備的馬達生產基礎技術的日本，接連不斷地生產出便宜且高性能的馬達。結果使得美國的馬達產業受不了兼具低價格和低成本的日本製品競爭，而逐漸衰退。

◎技術的開發和繼承是重要的

馬達的製造過程中，重要的是使用者和技術開發者之間的充分交換意見。如何依據使用者要求的規格，作出最適合的馬達，是非常重要的。但是，美國的馬達廠商卻經常忽略這樣的意見交流。因此，即使是最好的馬達，對搭載的機器來說，卻不見得是最好的。這樣的情況層出不窮。

另一方面，在日本也發生了技術傳承的問題。除了技術逐漸轉移到海外，再加上嬰兒潮世代的技術人員已漸漸退休，可以承接技術的人才不足的新問題已浮現。

用語解說　規格：對於物質或能源、行為、服務、現象等，訂定其用語或符號、定義、種類、等級、形狀、尺寸、成分、組成等技術相關事項。

馬達生產據點的變遷

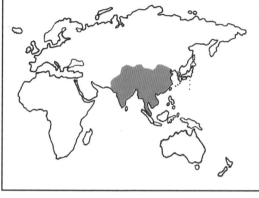

馬達生產據點的變遷

日本曾經製造世界所需大約 60%的馬達,後來的生產已跌到全盛時期的 25%。

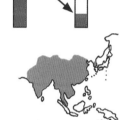

馬達生產據點的變遷歷史

美利堅共和國　　　　日本　　　　中國・亞洲

美國曾經是世界的馬達產業領導者,在日本開始生產便宜且高性能的馬達後,美國的馬達產業終致衰退。雖然目前日本製的馬達其性能依然領先全球,但生產據點卻已漸漸擴展到中國和其他的亞洲、中南美洲等市場。

CHECK POINT

●世界上的馬達生產據點,已漸漸擴展到中國以外的亞洲等市場。
●日本馬達生產量,最高曾佔全世界 60%。

7 亞洲是世界的馬達工廠

　　以前，世界的大多數的馬達皆由日本製作。從 1960 年代的中葉到 70 年代的代半左右，日本是擁有大半的世界馬達市場的生產基地。自從 90 年代以後，不只是日本的廠商，甚至是歐洲、美國的廠商也開始將生產據點轉移至中國或其他亞洲地區。受此影響，使得先進各國的馬達國內生產急遽減少，而必須面臨「空洞化」的問題。

　　馬達的生產據點移到亞洲的最大理由是，這樣具有可以便宜的成本獲得優質的勞動力的優點。再者，大量使用馬達的汽車及家電產業等接連前往亞洲設立生產據點，也使得馬達生產商被迫要因應該生產據點的需求，而前往設廠。結果，亞洲取代了日本成為世界性馬達生產基地。

◎馬達的需求擴及全世界

　　依據日本民間調查顯示，將製作小型精密馬達的日系主要 60 家廠商在全亞洲（包含日本國內）所生產的馬達台數，在 2004 年曾達 53 億台（與前年度相比約增加 5 億台）。隨著 IT 革命的發展，對數位家電製品或個人電腦等 IT 機器用的小型、高性能馬達需求日益增加，到 2017 年全球馬達規模已超過 1000 億美金，這類的馬達生產量未來還會更加提升。

　　另一方面，因為以「BRICs（巴西、蘇聯、印度、中國）」為主的亞洲或東歐、中南美諸國的高度成長，使產業用機器或家電製品、汽車的市場也急遽擴大，因此洗衣機或冰箱、冷氣機等家電製品用的馬達的需要也呈現爆炸性成長。由此可知，對於舊型馬達到最尖端的馬達的需求，只會更加提高。

用語解說　IT 革命：以電腦或網路為始，伴隨著資訊技術的發展與普及，使得社會產生急速變化。「IT」為「Information Technology」（資訊技術）的縮寫。

馬達主要在亞洲製造

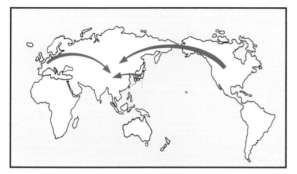

1990 年代，日本、美國、歐洲的馬達廠商將生產據點轉移至中國和其他的亞洲地區，如此，可確保低廉且大量的勞動力。另外一個原因是，大量使用馬達的汽車或家電產業，也將生產據點逐漸移到亞洲地區所致。

亞洲為世界的馬達工廠

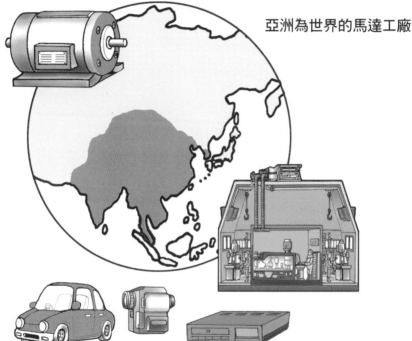

由於數位機器的需求急增，提升了馬達需求市場的規模，另外，由於中國極可能成為最大汽車市場，預測中國的汽車用馬達的市場將會擴大。

- 馬達的生產據點，轉移至亞洲，最大的理由是可獲得大量的廉價勞力。
- 需要馬達的汽車及家電產業，將生產據點移到亞洲，也影響到生產據點的轉移。

8 日本的馬達製造商代表

在日本有許多技術高超且優秀的馬達公司。其中也有股票上市的公司。舉例如下。

【MABUCHI 馬達】

設立於 1954 年（昭和 29 年）1 月，總公司設置在千葉縣松戶市，為東證（東京證券交易所）1 部的股票上市公司。以開發出世界最早的高性能馬蹄型磁鐵馬達而聞名，主要製造：汽車電裝機器、音響·影像機器、家電製品、工具、資訊·通信機器專用的馬達製品。目前也朝製品的高機能化·低價化發展。

【日本電產】

設立於 1973 年（昭和 48 年）7 月、東證 1 部的股票上市公司。該公司以馬達為中心，以成為「專攻旋轉、運動物件之綜合驅動技術的世界第一廠商」為目標。在創始者永守重信社長的領導下，以 M&A（企業的合併、收購）等進行集團的擴充。

【安川電機】

設立於 1915 年（大正 4 年）7 月，是歷史悠久的馬達製造公司。總公司位在福岡縣北九州市，為東證 1 部股票上市公司。雖然該公司所從事的是產業用機械手臂、機電儀一體化機器等各種事業，但主要馬達部門是專門從事伺服馬達等製造。

【日本 SERVO】

設立於 1949 年（昭和 24 年）4 月、是個老商號的馬達製造廠。曾是東證 2 部股票上市公司。該公司擁有高技術力，是日本首先進行伺服馬達（參照 128 頁）的製造與開發公司。目前也從事高性能的無刷 DC 馬達或有刷 DC 馬達、步進馬達、同步馬達等的製造。現屬日本電產。

用語解說　股票上市：有價證券在有價證券市場買賣交易的對象。

高技術力的日本廠商

MABUCHI 馬達

設立於 1954 年，東
證 1 部的上市公司

開發了世界上最早的高性能馬蹄型馬達

主要製造汽車裝機器、音響‧影像機器、家電製品、
工具、資訊‧通信機器專用的馬達

日本電產

設立於 1973 年
東證 1 部的上市公司

目標為馬達為主，期望成為「專攻旋轉與運動物件
之綜合驅動技術的世界第一廠商」

安川電機

設立於 1915 年
東證 1 部的上市公司

伺服馬達

日本 SERVO

設立於 1949 年
東證 2 部的上市公司
是家老字號的廠商
現屬日本電產

伺服馬達　　　　步進馬達　　　　同步馬達

CHECK POINT

●在日本有許多高技術力且優秀的馬達公司。
●MABUCHI 馬達、日本電產、安川電機、日本 SERVO 等
　公司擁有高技術力的評價。

　　除了之前提到的 MABUCHI 馬達、日本電產、安川電機、日本 SERVO 之外，還有三相電機、MINEBEA、松下馬達、ORIENTAL 馬達、津川製作所、旭化成電子等，也是擁有高技術的馬達製造。其他的不為人知的公司當中，還有生產特殊馬達且市場占有率為日本第一、或世界第一的公司。

　　其中之一為，總公司原設於靜岡縣西湖市的 ASMO 公司，後搬至大阪。1973 年設立的該公司，以汽車用小形馬達生產數量占世界第一著稱。如前所述，每一台高級國產車必須使用約 50～70 個馬達。汽車可說是馬達的集合體。ASMO 公司與生產電動窗專用馬達成為集團公司，每月可生產 300 萬台專用馬達，占了當時世界市場的三成。

◎冷卻用風扇馬達的第一名企業

　　在 IT 領域中，可以舉出總公司 1976 年在神奈川縣大和市成立的新思考電機（SHICOH 技研）。美國英代爾公司以個人電腦 CPU（中央處理裝置）的佔有率居世界之冠著稱，而達到該公司 Pentium CPU 的冷卻風扇用馬達標準的，是 SHICOH 技研的馬達。持續大量供貨的結果，現使 SHICOH 技研在冷卻風扇用馬達界的市占率曾為世界第一。

　　另外，用於手機震動（Vibration）功能中的震動馬達，該公司也開發、生產直徑 4mm，號稱世界最小等級的製品、並以輕、薄、短小化技術而獲得好評。

　　在日本有很多公司規模小，卻是以紮實的技術為基礎，開發出嶄新製品，而受世界矚目的廠商。日本可說是穩居世界的馬達研發重國。

| 用語解說 | **風扇**：利用扇葉產生從外部吸進氣體所需的壓力或速度，進行輸送、升壓等的裝置。 |

名氣不高，卻以高市占率著稱的馬達公司

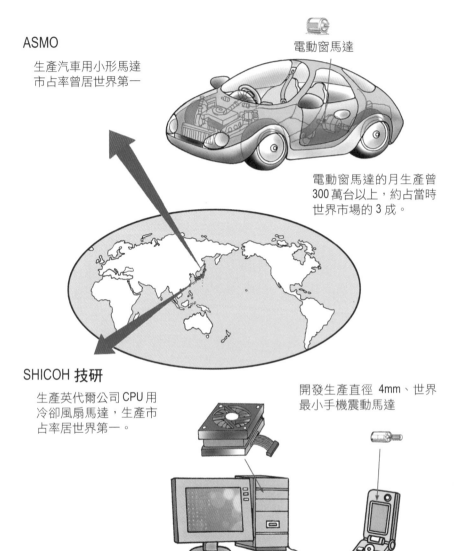

ASMO

生產汽車用小形馬達
市占率曾居世界第一

電動窗馬達

電動窗馬達的月生產曾
300 萬台以上，約占當時
世界市場的 3 成。

SHICOH 技研

生產英代爾公司 CPU 用
冷卻風扇馬達，生產市
占率居世界第一。

開發生產直徑 4mm、世界
最小手機震動馬達

CHECK POINT

● 三相電機、MINEBEA、松下馬達、ORIENTAL 馬達、津川製作所、旭化成電子等也擁有高技術。
● ASMO 或 SHICOH 技研等公司，雖然名氣不高，但在特殊領域中卻居領先地位。

10 微型化‧輕量化發展

　　從急速普及的代表性隨身音樂撥放器iPod、智慧型手機、任天堂DS及「Playstation‧Portable」等隨身遊戲機就可以知道，「輕量化‧微型化‧薄型化‧高性能化」已是電子製品的必須條件。

　　這樣的潮流，相對地當然也對組裝在內部的馬達有很大的影響。與最終製品相同，能滿足「輕、薄、短、小」等條件的高性能馬達的開發與生產是廠商必須追求的東西。

◎領先世界的日本技術

　　但是，馬達微型化的潮流並不是最近才開始的。代表性的例子之一為無心馬達（參照 72 頁）的開發。當時的馬達一般只是使用鐵心纏繞線圈的方法製作，而為了實現微型化及輕量化，才開始開發不使用鐵心的無心馬達。

　　最先搭載此一馬達的是改變了世界年輕人文化的耳機收音機、SONY 的「walkman」。從那之後，因為隨身音樂撥放器的開發，引起各個公司的激烈競爭。使得 CD 撥放器、MD 撥放器、以及搭載超小型 HDD 的 HDD 撥放器有了更新進展。

　　消費性產生製造商之間的競爭，也會促使零件製造商之間的競爭，日本的馬達製造廠因而接連開發出新技術，新製品，一躍成長為世界性的企業。雖然，日本的馬達市場也曾出現過熱現象，但以尖端領域為中心，技術力高的日本廠商依然維持世界的領先地位。

用語解說 CD 撥放器：刻在磁碟片上的凹凸槽，可以用光學讀取再生的裝置。

電子產品進化的背後有「高性能的馬達」

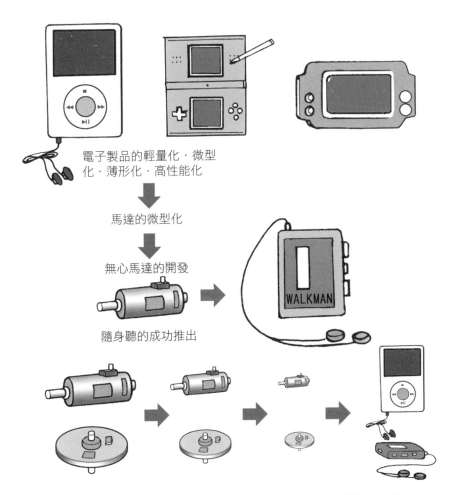

電子製品的輕量化‧微型化‧薄形化‧高性能化

馬達的微型化

無心馬達的開發

隨身聽的成功推出

在各個公司的耳機收音機微型化競爭過程中，馬達的微型化加速地發展，因而可以製作出超小型的電子製品。

未來的馬達產業也將以上述目標為主，因此技術力高的日本製造廠仍居領先地位。

CHECK POINT

●和電子製品同樣地被要求需具備「輕、薄、短、小」等高性能的條件。
●為了實現微型或輕量化，而促使運用鐵心的無心馬達的開發。

11 經濟・環保的馬達技術

　　單獨只有馬達存在，是沒有任何意義的。只有當馬達被做為電氣製品或汽車等的零件之一，而被組裝其中時才能發揮其價值。為了因應製品的「時代需求」，對於馬達功能的要求也有所變化。

　　現在產業社會所必須面對的最大課題為，如何因應節能等環保問題。工業製品也幾乎沒有例外，必須「節能」及「環保」。

◎有效節能的「感應馬達＋變頻控制」

　　舉個生活周遭的例子。裝置於屋內的冷氣機，現在一般是使用感應馬達變頻控制，冷氣機內部的馬達運轉方法非常獨特，起動後即以全動力運轉，但一旦達到設定溫度時即會降低其電源頻率，使馬達改為低速運轉。以往的冷氣機其基本調節溫度的方式是，利用重複的開關動作。變頻器的問世，使得冷氣機可以做極細微的溫度控制，此為節能的關鍵。變頻器也使用在照明器具等，肩負電氣製品的節能的主要任務。

　　使用感應馬達的產品，還有電動汽車。電動汽車用的馬達需要小型、輕量和大輸出，例如，2000cc 的轎車必需要 100kW 左右的輸出對應。這樣的輸出水準和電車相匹敵，可由感應馬達達成。隨著電車內部廣泛地採用感應馬達，使感應馬達已成為節能的關鍵設備。

用語解說　環境問題：地球暖化或臭氧層的破壞、酸雨等，係指以整體地球環境所進行的環境破壞一事。

與地球環境共生的馬達

今後馬達所面臨的問題 ➡ 環境問題

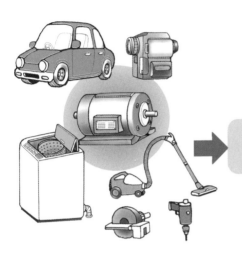

環境問題的對應
省力・節能

變頻冷氣機

感應馬達可以做到極細微的溫度控制，實現節能目標。

電動汽車

不因為廢氣而造成大氣污染

⬇

需使用大輸出 50〜100kW 的感應馬達，其中能源轉換的損失是必須面對的問題

⬇

以上將是未來的課題

 CHECK POINT

●如何應對環境問題，將是馬達的主要課題之一。
●關鍵字為「節能」與「環保」。

驅動馬達的電池

....

　　使馬達運轉電源的電池，大致可分為以下三類：

　　第一類是日常生活中常見的乾電池。乾電池又可分為電量用完就丟的「一次性電池」與充電可以使用無數次的「二次電池」。乾電池的原理是由伏特所發現的，其原理為只要兩種金屬進入電解液中即產生電流。

　　第二類是利用太陽光而產生電能的太陽能電池（亦可稱為光電池）。太陽能電池即為利用遇到光就會產生電的矽晶半導體的裝置。太陽能電池本身的構造為，一遇到光就會使得內部的正電（稱為正電或是正電荷）和負電（稱為負氣或是負電荷）移動，因而產生電流。基本上來說，光的量越多，馬達就會快速運轉，光的量越少，馬達的運轉就會變慢。

　　第三類是燃料電池。將水以電分解就會產生氫與氧。相反的，如果我們使氫與氧產生化學反應就會產生電，這就是燃料電池的原理。這是由英國的物理學家威廉·葛洛夫（William Grove）於 1839 年所證實的劃時代性電池。因為燃料電池更容易確保資源（氫與氧）、並且只會排出水，故以「保護環境的能源」而受到矚目。如同眾所周知的，做為節能車而開發的燃料電池汽車，就是以燃料電池產生電流而作動的馬達所帶動、進而行駛的成果。

索引

磁力感應器（Sensor）
磁場
磁極
磁滯（Hysteresis）式同步馬達
磁碟（Disk）式無心 DC 馬達
磁鐵定位針（Magnet Pin）
端子（Terminal）
赫茲（Hertz）（Hz）

國家圖書館出版品預行編目資料

最新圖解馬達入門 / 日本 SERVO 株式會社作.
-- 修訂初版. -- 新北市：世茂，2019.12
面； 公分. --（科學視界；239）

ISBN 978-986-5408-05-3（平裝）

1. 電動機

448.22 108015886

科學視界 239

最新圖解馬達入門

作　　者／日本 SERVO 株式會社
譯　　者／游振桁
審　　定／葉隆吉
主　　編／楊鈺儀
責任編輯／陳文君
出 版 者／世茂出版有限公司
地　　址／（231）新北市新店區民生路 19 號 5 樓
電　　話／（02）2218-3277
傳　　真／（02）2218-3239（訂書專線）
　　　　　（02）2218-7539
劃撥帳號／19911841
戶　　名／世茂出版有限公司　單次郵購總金額未滿 500 元（含），請加 80 元掛號費
世茂網站／www.coolbooks.com.tw
排版製版／辰皓國際出版製作有限公司
印　　刷／傳興彩色印刷有限公司
修訂一刷／2019 年 12 月
　　五刷／2024 年 3 月

ＩＳＢＮ／978-986-5408-05-3
定　　價／300 元

NYUMON VISUAL TECHNOLOGY : YOKUWAKARU MOTOR © JAPAN SERVO CO.,
LTD. 2006
Originally Japanese edition published in 2006 by NIPPON JITSUGYO Publishing Co., Ltd.
Complex Chinese Character rights arranged with NIPPON JITSUGYO Publishing Co., Ltd.
Through Tuttle-Mori Agency, Inc., Tokyo and Future View Technology Ltd.

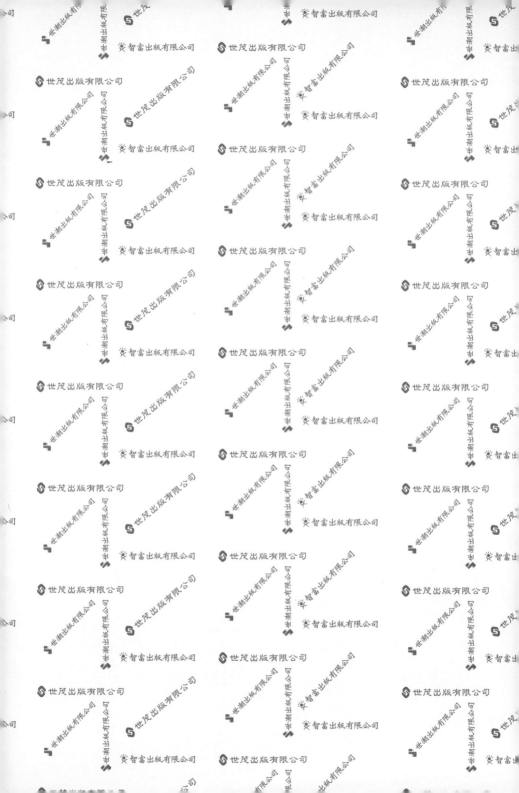

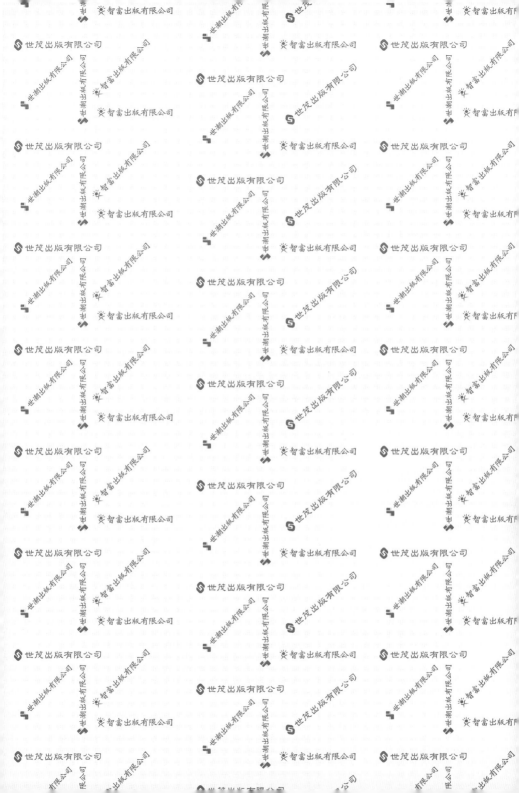